Optimisation d'un procédé de traitement des brasques

Vincent Béchard

Optimisation d'un procédé de traitement des brasques

Application d'un algorithme de recherche directe par treillis adaptifs destiné aux problèmes de type « boîte noire »

Presses Académiques Francophones

Impressum / Mentions légales

Bibliografische Information der Deutschen Nationalbibliothek: Die Deutsche Nationalbibliothek verzeichnet diese Publikation in der Deutschen Nationalbibliografie; detaillierte bibliografische Daten sind im Internet über http://dnb.d-nb.de abrufbar.
Alle in diesem Buch genannten Marken und Produktnamen unterliegen warenzeichen-, marken- oder patentrechtlichem Schutz bzw. sind Warenzeichen oder eingetragene Warenzeichen der jeweiligen Inhaber. Die Wiedergabe von Marken, Produktnamen, Gebrauchsnamen, Handelsnamen, Warenbezeichnungen u.s.w. in diesem Werk berechtigt auch ohne besondere Kennzeichnung nicht zu der Annahme, dass solche Namen im Sinne der Warenzeichen- und Markenschutzgesetzgebung als frei zu betrachten wären und daher von jedermann benutzt werden dürften.

Information bibliographique publiée par la Deutsche Nationalbibliothek: La Deutsche Nationalbibliothek inscrit cette publication à la Deutsche Nationalbibliografie; des données bibliographiques détaillées sont disponibles sur internet à l'adresse http://dnb.d-nb.de.
Toutes marques et noms de produits mentionnés dans ce livre demeurent sous la protection des marques, des marques déposées et des brevets, et sont des marques ou des marques déposées de leurs détenteurs respectifs. L'utilisation des marques, noms de produits, noms communs, noms commerciaux, descriptions de produits, etc, même sans qu'ils soient mentionnés de façon particulière dans ce livre ne signifie en aucune façon que ces noms peuvent être utilisés sans restriction à l'égard de la législation pour la protection des marques et des marques déposées et pourraient donc être utilisés par quiconque.

Coverbild / Photo de couverture: www.ingimage.com

Verlag / Editeur:
Presses Académiques Francophones
ist ein Imprint der / est une marque déposée de
OmniScriptum GmbH & Co. KG
Heinrich-Böcking-Str. 6-8, 66121 Saarbrücken, Deutschland / Allemagne
Email: info@presses-academiques.com

Herstellung: siehe letzte Seite /
Impression: voir la dernière page
ISBN: 978-3-8416-2952-4

UNIVERSITÉ DE MONTRÉAL

OPTIMISATION D'UN PROCÉDÉ
DE TRAITEMENT DES BRASQUES

VINCENT BÉCHARD
DÉPARTEMENT DE MATHÉMATIQUES ET DE GÉNIE INDUSTRIEL
ÉCOLE POLYTECHNIQUE DE MONTRÉAL

MÉMOIRE PRÉSENTÉ EN VUE DE L'OBTENTION
DU DIPLÔME DE MAÎTRISE ÈS SCIENCES APPLIQUÉES
(MATHÉMATIQUES APPLIQUÉES)
DÉCEMBRE 2004

1

UNIVERSITÉ DE MONTRÉAL

ÉCOLE POLYTECHNIQUE DE MONTRÉAL

Ce mémoire intitulé :

OPTIMISATION D'UN PROCÉDÉ
DE TRAITEMENT DES BRASQUES

présenté par : BÉCHARD Vincent
en vue de l'obtention du diplôme de : Maîtrise ès sciences appliquées
a été dûment acceptée par le jury d'examen constitué de :

M. DUFOUR Steven, Ph.D., président
M. AUDET Charles, Ph.D., membre et directeur de recherche
M. CHAOUKI Jamal, Ph.D., membre et codirecteur de recherche
M. BERTRAND François, Ph. D., membre.

2

REMERCIEMENTS

Je désire remercier M. Charles Audet pour son enseignement, sa disponibilité, ses conseils et sa patience face à mes nombreuses questions. J'apprécie énormément qu'il ait cru en moi lorsque je me suis présenté à son bureau avec mon idée de projet.

Egalement, M. Jamal Chaouki m'a offert son expertise du génie chimique et une collaboration avec son groupe de recherche. J'ai beaucoup apprécié l'opportunité de communiquer mon tout nouveau savoir aux étudiants du cours « Conception des procédés ».

Une grande reconnaissance pour Yann Courbariaux, qui m'a donné de précieuses suggestions et une aide sans limite pour la compréhension, l'analyse et la modification de son procédé.

Je tiens à souligner le soutien informatique de M. Gilles Couture, qui m'a permis de comprendre, personnaliser et utiliser le logiciel NOMAD.

Finalement, le Fond Québécois de Recherche sur la Nature et les Technologies (bourse de maîtrise en recherche) ainsi que l'Ecole Polytechnique de Montréal (bourse d'entrée aux études supérieures) m'ont permis de n'avoir aucun souci financier.

RÉSUMÉ

L'optimisation des procédés chimiques définis par une simulation informatique n'entre pas dans le cadre de la programmation mathématique, où la structure du problème est exploitable. Les méthodes classiques de résolution fonctionnent mal en pratique; les algorithmes ne peuvent détecter que les optima locaux et parfois, n'en détectent pas. Souvent, les méthodes heuristiques fonctionnent bien en pratique, surtout si elles possèdent un caractère stochastique, mais elles n'offrent aucune garantie sur l'optimalité de la solution.

Les algorithmes de recherche directe ont été créés pour les situations où l'évaluation de l'objectif est lente (ou coûteuse) et où le calcul du gradient, du jacobien et du hessien est difficile ou impossible (bruit dans les fonctions, discontinuités et présence de modules dans la modélisation). Ce sont des algorithmes n'utilisant pas l'information des dérivées.

L'objectif de ce travail est d'employer l'algorithme de recherche directe sur treillis adaptifs (MADS) pour optimiser un procédé de traitement des brasques, déchet hautement toxique résultant de la production d'aluminium. Cet algorithme permet de combler les lacunes pratiques et théoriques des méthodes classiques et heuristiques, respectivement.

L'algorithme de recherche directe sur treillis adaptifs explore l'espace à l'aide d'un treillis conceptuel (il n'est jamais totalement explicité), dont les dimensions évoluent. Ce treillis tend à être infiniment petit à la convergence. Une itération comporte deux phases : la recherche et la sonde. La recherche, optionnelle, permet à l'usager de guider l'algorithme ou de lui fournir des informations supplémentaires. La sonde, obligatoire, est une exploration efficace des voisins définis sur le treillis; elle assure la convergence de l'algorithme.

Au Québec seulement, 50 000 tonnes de brasques sont générées annuellement. Depuis 1998, leur enfouissement est interdit sans un traitement préalable; le coût d'un traitement est estimé à 800 US$/t. Le procédé en quatre étapes offre une solution à la problématique des brasques. L'incinération détruit complètement les cyanures. La lixiviation et la précipitation des fluorures, suivies d'un traitement des eaux, permettent d'atteindre les normes environnementales.

4

Pour optimiser ce procédé, le logiciel Aspen est employé pour la simulation. Un logiciel externe à Aspen, NOMAD (implémentation de l'algorithme MADS), examine une séquence de simulations; chaque simulation est faite en modifiant les débits entrant dans le procédé. Cette approche n'est pas nouvelle. La nouveauté réside en l'utilisation d'un algorithme mathématiquement analysé : il est prouvé que la solution obtenue satisfait certains critères d'optimalité.

Au niveau procédé, les résultats sont très satisfaisants. Le coût d'utilisation des matières premières a diminué de 37%. Par rapport aux brasques brutes, ce coût est passé de 271 $/t à 170 $/t. La solution obtenue respecte toutes les normes environnementales du Québec; le procédé est conforme. Au niveau mathématique, l'algorithme a démontré son applicabilité. Il se révèle robuste et simple à utiliser, et produit en temps raisonnable une solution dont on connaît la nature mathématique.

Plusieurs études pourraient être réalisées afin de généraliser les conclusions. Par exemple, un autre simulateur de procédé pourrait être utilisé. Un système de commandes de procédé pourrait être ajouté. Les paramètres des opérations unitaires et/ou l'investissement pourraient être inclus dans les variables de décisions. Le temps de calcul pourrait être diminué en parallélisant MADS. La souplesse et la robustesse MADS font qu'il pourrait être appliqué sur d'autres procédés, en régime permanent ou transitoire.

ABSTRACT

The optimization of chemical processes defined by computer simulations does not have an exploitable structure, as required for mathematical programming theory. Classical solving methods do not generally work well; they can only detect local optima, when they succeed. Heuristic algorithms usually exhibit good performances, especially if they are stochastic; unfortunately, there is no proof of the solution's optimality.

Direct search algorithms are designed for problems in which the evaluation of the objective function is costly, or derivatives estimation is hard or impossible (noisy, piecewise or modular functions). These algorithms do not need information provided by derivatives.

The goal of this work is to use a Mesh Adaptive Direct Search algorithm (MADS) in order to optimize a spent potliner treatment process (spent potliners are highly toxic wastes of aluminum production). The chosen algorithm is believed to fulfill practical and theoretical lacks of classical and heuristic methods, respectively.

The mesh adaptive direct search algorithm uses a conceptual mesh (which is never explicitly defined) in the space of the variables with evolutionary dimensions. This mesh tends to be infinitely fine at convergence. An iteration consists of two steps: search and poll. The search step, optional, permits the user to guide the algorithm or to provide supplementary information. The poll step, mandatory, consists of an efficient exploration of neighbors defined with the mesh. This step guarantees mathematical convergence to a solution satisfying necessary optimality conditions.

In the province of Québec only, 50 000 tons of spent potliners are generated annually. Since 1998, their disposal requires appropriate treatment; an estimation of a treatment's cost is 800 US\$/t. The four steps process offers a solution to spent potliners problem. Incineration destroys all cyanide content. Leaching and precipitation of fluorides, followed by a waste water treatment, permit to meet all environmental regulations.

The Aspen software is used to simulate this process. An external software, NOMAD (implementation of the MADS algorithm), examines several simulations, each of them having its own input streams. This is not a new approach. The contribution of this work is to use an algorithm which has been mathematically analyzed: the solution is proven to meet some optimality criteria.

At the process level, results are quite good. The cost related to chemicals consumption has been decreased by 37%. This cost went from 271 $/t to 170 $/t of fresh spent potliners. This solution meets all environmental regulations. At the mathematical level, the MADS algorithm has shown its applicability to process optimization. It is robust and easy to use, while producing in reasonable time a solution with a known mathematical nature.

Some other studies could be done to establish more general conclusions. Another simulator could be used. A process control system could be added to the simulation. Unit operation parameters could be put into decision variables, and investment cost added to the objective. The computation time could be reduced if the MADS algorithm were parallelized. The robustness and flexibility of MADS algorithm could make it possible to optimize different processes, steady-state or transient.

TABLE DES MATIÈRES

LISTE DES TABLEAUX

LISTE DES FIGURES

LISTE DES SIGLES ET ABRÉVIATIONS

D	Ensemble générateur dans MADS
e_i	Vecteur unitaire de coordonnée
f	Valeur (ou fonction) de l'objectif
g	Vecteur des valeurs (ou fonctions) des contraintes d'inégalité
GPS	*Generalized Pattern Search*
h	Vecteur des valeurs (ou fonctions) des contraintes d'égalité
$I(x)$	Ensemble des contraintes actives de $g(x)$
k	Compteur d'évaluations
l	Vecteur des bornes inférieures
$L(x;\mu, \lambda)$	Fonction lagrangienne
MADS	*Mesh Adaptive Direct Search*
PNEM	Programme en nombre entier mixte
M_k	Treillis conceptuel (*mesh*)
PNL	Programme non linéaire
P_k	Ensemble à sonder (*poll set*)
$T_\Omega(x)$	Cône de contraintes
u	Vecteur des bornes supérieures
x	Point dans R^n
y	Point dans $\{0, 1\}^m$
$\Delta_k, \Delta_k^m, \Delta_k^p$	Tailles de treillis
Φ	Valeur (ou fonction) du filtre
μ, λ	Multiplicateurs de Karush-Kuhn-Tucker
Ω	Domaine réalisable

INTRODUCTION

Le processus de développement des procédés chimiques comporte presque toujours une phase de simulation (Douglas, 1988). Pour réaliser cette tâche, de nombreux logiciels sont commercialement disponibles. L'utilisation de ces logiciels mène à la création d'un modèle informatisé du procédé (Zamora et Grossmann, 1998). C'est à partir de ce moment que l'optimisation d'un procédé complexe est envisageable.

L'optimisation des procédés chimiques fait partie de la classe des problèmes d'optimisation les plus difficiles (Choi *et al.*, 1999). Le nombre et la diversité des méthodes de résolution utilisées en illustrent ce fait (Edgar *et al.*, 2001). L'objectif de ce travail est d'utiliser un récent algorithme pour optimiser un procédé de traitement des brasques. La démonstration de l'applicabilité de cet algorithme et l'obtention d'une solution à la problématique des brasques sont les buts poursuivis.

Pour bien comprendre la difficulté de l'optimisation d'une simulation, il sera nécessaire de comprendre comment sont simulés les procédés. Une critique des principales méthodes classiques d'optimisation employées permettra d'ébaucher les éléments requis pour l'établissement d'une technique robuste.

Le développement, la description et l'analyse de l'algorithme de recherche directe sur treillis adaptifs (Audet et Dennis, 2004a) seront présentés. La modélisation à l'aide d'Aspen (www.aspentech.com) du procédé mis au point par Courbariaux *et al.* (2004a-d) conduira à la formulation et à la résolution du problème d'optimisation.

Les diverses stratégies de résolution à l'aide de l'algorithme de Audet et Dennis (2004a) permettront de déterminer une solution satisfaisant certaines conditions d'optimalité. L'interprétation, d'un point de vue d'ingénieur, permettra de juger de la qualité de la solution produite et de la robustesse de l'algorithme.

15

CHAPITRE 1. L'OPTIMISATION DES PROCÉDÉS CHIMIQUES

L'intérêt pour l'optimisation des procédés chimiques est né au début des années 1970 (Biegler et Grossmann, 2004). L'augmentation du coût de l'énergie et l'apparition des contraintes environnementales ont fait naître un besoin d'efficacité afin de demeurer rentable et efficient (Edgar *et al.*, 2001). Les principales difficultés rencontrées étaient la taille et la forte non-linéarité des systèmes à résoudre, ainsi que le manque de ressources informatiques. Le développement de codes d'optimisation efficaces, lié aux progrès de l'informatique, date du milieu des années 1980 (Shoup et Mistree, 1986, Bowden et Hall, 1998).

Dans ses débuts, l'optimisation des procédés était limitée à quelques unités. Jusqu'à présent, aucune méthode universelle n'a permis d'optimiser efficacement un procédé à grande échelle. Les problèmes d'instabilité des calculs, le long temps d'exécution et le coût du matériel informatique sont les principaux facteurs expliquant cette lacune (Bowden et Hall, 1998, Edgar *et al.*, 2001). Pour des problèmes de taille raisonnable, plusieurs méthodes ont été utilisées avec un certain succès (Bowden et Hall, 1998, Biegler et Grossmann, 2004); elles seront brièvement présentées dans ce chapitre.

1.1 Simulation des procédés

La simulation des procédés est née dans les années 1960 (Squires et Reklaitis, 1980). Elle est aujourd'hui indispensable pour la conception et l'étude des procédés (Douglas, 1988).

1.1.1 Structure d'un simulateur

Tous les simulateurs de procédés reposent sur une structure commune, schématisée à la Figure 1 (Squires et Reklaitis, 1980, Gaubert *et al.*, 1995, Sieder *et al.*, 1999). L'usager interagit avec le simulateur par une interface graphique, facilitant la définition, la modélisation et la représentation d'un procédé.

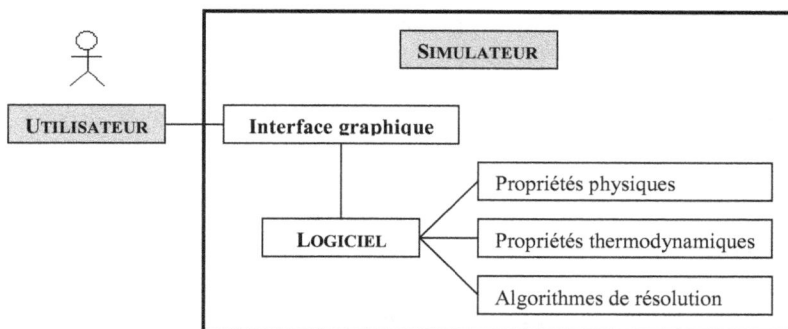

Figure 1 - Structure des simulateurs de procédés

Les simulateurs se distinguent par l'approche choisie pour gérer les éléments de cette structure. Les principales approches sont la résolution algébrique et la résolution modulaire (Douglas, 1988).

1.1.2 Résolution algébrique

Les simulateurs basés sur la résolution algébrique génèrent automatiquement un système d'équations décrivant le procédé en entier (Douglas, 1988). Ces équations représentent la prédiction des propriétés physico-chimiques, les bilans de matière et d'énergie, et les modèles des opérations unitaires. Cette technique est avantageuse pour les procédés comportant beaucoup de boucles de recyclage et pour les procédés en régime transitoire (Borchardt, 2001).

Parce que le système d'équations à résoudre est généralement de très grande taille, la résolution à l'aide de méthodes de décomposition quasi-Newton (Borchardt, 2001, Edgar *et al.*, 2001) requiert plusieurs processeurs en parallèle. Les méthodes de décomposition divisent en sous-systèmes la matrice d'équations de départ, cette dernière étant généralement creuse. La décomposition est souvent facilitée par la modélisation modulaire des opérations unitaires (Borchardt, 2001). L'utilisation de méthodes quasi-Newton sur le problème décomposé permet d'exploiter la structure du système d'équations (Seider *et al.*, 1999).

Cette approche a comme avantages la formulation naturelle du problème, la définition totale du procédé et l'accès direct aux relations thermodynamiques et aux données tabulées (Squires et Reklaitis, 1980). Les difficultés comprennent la vérification de la consistance du problème, le mauvais conditionnement des

17

matrices, la taille énorme du système résultant et un manque de flexibilité et de réutilisabilité des codes (Seider et al., 1999, Edgar et al., 2001).

1.1.3 Résolution modulaire

Les simulateurs basés sur la résolution modulaire (dont Aspen, utilisé pour ce travail) comportent une banque de modules précompilés décrivant les opérations unitaires (Squires et Reklaitis, 1980). Chaque bloc calcule une sortie en fonction de ses entrées et paramètres. L'idée est d'utiliser une séquence de blocs reliés entre eux pour modéliser les différentes opérations du procédé.

Une méthode de points fixes (Wegstein, Newton ou Broyden, entre autres) est employée pour la résolution, tel qu'illustré sur la Figure 2 (Douglas, 1988). Avec cette approche, il est plus facile de distinguer les niveaux de calculs (Figure 3) impliqués dans la simulation; chaque niveau est un ensemble d'itérations effectuées sur les niveaux inférieurs (Douglas, 1988).

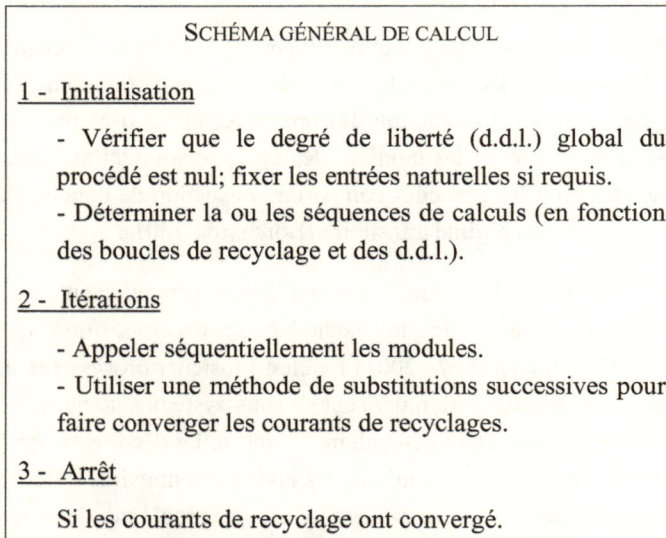

SCHÉMA GÉNÉRAL DE CALCUL

1 - Initialisation

- Vérifier que le degré de liberté (d.d.l.) global du procédé est nul; fixer les entrées naturelles si requis.
- Déterminer la ou les séquences de calculs (en fonction des boucles de recyclage et des d.d.l.).

2 - Itérations

- Appeler séquentiellement les modules.
- Utiliser une méthode de substitutions successives pour faire converger les courants de recyclages.

3 - Arrêt

Si les courants de recyclage ont convergé.

Figure 2 - Schéma de résolution modulaire

18

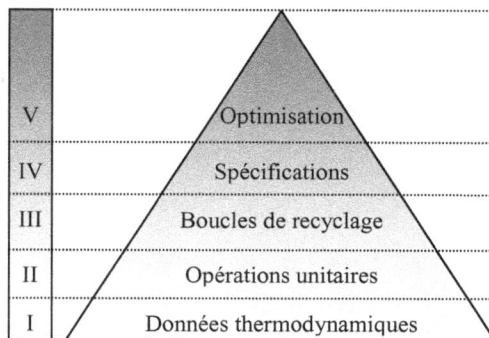

Figure 3 - Niveaux de calculs en simulation modulaire

Cette approche très flexible est simple autant à comprendre qu'à utiliser (Gaubert *et al.*, 1995). L'utilisation de blocs préfabriqués permet le recyclage des codes. Ces blocs résultent d'une partition en sous-systèmes de la résolution algébrique; c'est une définition « orientée objet » du niveau informatique d'une simulation.

La précision de calcul est améliorée grâce à la stabilité des méthodes itératives (Douglas, 1988). Par contre, le calcul des d.d.l. est plus difficile, l'établissement de la séquence de calcul est délicat et, surtout, l'accès aux modèles n'est pas direct, ceux-ci étant encapsulés dans les blocs (Sieder *et al.*, 1999).

1.2 Définition du problème d'optimisation

1.2.1 Formulation algébrique

La nature d'un procédé chimique mène généralement à un problème de type PNEM (programme en nombre entier mixte) (Edgar *et al.*, 2001). La non-linéarité découle de la modélisation complexe des relations thermodynamiques et des phénomènes d'échanges. La discrétisation résulte de la modélisation des corrélations empiriques. Les contraintes d'égalité proviennent des bilans de matière et d'énergie, alors que les contraintes d'inégalité sont données par les normes, spécifications et corrélations. La formulation standard du problème (*PNEM*) est :

19

$$(PNEM) \quad \begin{cases} \underset{x,y}{Min} \ f(x,y) \\[2mm] s.c. \begin{vmatrix} g(x,y) \le 0 \\ h(x,y) = 0 \\ l \le x \le u \\ y \in \{0,1\}^m \end{vmatrix} \end{cases}$$

où $f : R^{m+n} \to R$, $g : R^{m+n} \to R^{n \le}$ $h : R^{m+n} \to R^{n=}$ et $l,\ u \in R^n$. La fonction objectif $f(x,y)$ est fréquemment le coût d'opération et/ou l'investissement. Les vecteurs de contraintes $g(x,y)$ et $h(x,y)$ peuvent être linéaires ou non. Le vecteur x est borné inférieurement par l (*lower*) et supérieurement par u (*upper*). Le domaine réalisable est noté par Ω; $x \in \Omega$ représente l'ensemble des solutions à l'intérieur du domaine, donc réalisables. Le vecteur y est composé de variables binaires : elles ne peuvent valoir que 0 ou 1 (oui ou non). Toutes les expressions en variables discrètes peuvent être transformées en variables binaires (Wolsey, 1999). Si la modélisation est réalisée sans variables discrètes, le problème devient simplement un (*PNL*) (programme non linéaire) :

$$(PNL) \quad \begin{cases} \underset{x}{Min} \ f(x) \\[2mm] s.c. \begin{vmatrix} g(x) \le 0 \\ h(x) = 0 \\ l \le x \le u \in R^n \end{vmatrix} \end{cases} .$$

1.2.2 Conditions d'optimalité

Sous des hypothèses de différentiabilité, les conditions d'optimalité standard pour (*PNL*) sont construites à partir du lagrangien :

$$L(x; \mu, \lambda) = f(x) + \mu^T g(x) + \lambda^T h(x)$$

avec $\mu \ge 0 \in R^{n \le}$ et $\lambda \in R^{n=}$ les multiplicateurs de Karush-Kuhn-Tucker. Les livres de Gauvin (1995) et de Edgar *et al.* (2001) donnent de plus amples détails sur les propriétés de ces multiplicateurs. L'idée derrière les conditions (*KKT*) (définition 1.1) est d'assurer qu'au point optimal $\hat{x}$, il n'existe aucune direction de descente réalisable qui améliore l'objectif.

Définition 1.1 : Les conditions (*KKT*) pour les fonctions $f(x)$, $g(x)$ et $h(x)$ au moins une fois continûment différentiables sont qu'il existe λ et μ en $\hat{x}$ tels que

$$(KKT) \begin{cases} \nabla f(\hat{x}) + \mu^T \nabla g(\hat{x}) + \lambda^T \nabla h(\hat{x}) = 0 \\ h(\hat{x}) = 0 \\ \mu^T g(\hat{x}) = 0 \\ \mu \geq 0, \ \lambda \in R^n \ . \end{cases}$$

Les conditions (*KKT*) assurent que $\nabla L(x; \mu, \lambda) = 0$. Pour caractériser un tel point, on utilise le concept de « ensemble de directions réalisables », ensemble appelé « cône ». Le sous-espace normal à ce cône constitue un ensemble de directions non réalisables. Pour (*PNL*), la définition 1.2 énonce les caractéristiques du cône normal.

Définition 1.2 : Soit $I(\hat{x}) = \left\{ i \in \{1, 2, .., n_\leq\} \mid g_i(\hat{x}) = 0 \right\}$ l'ensemble des indices des contraintes actives en $\hat{x}$. Le sous-espace normal engendré par les contraintes actives et par les contraintes d'égalité (polaire du cône tangent) est:

$$T_\Omega^o(\hat{x}) = \left\{ y \in R^n \mid \nabla g_i(\hat{x})^T y \leq 0, i \in I(\hat{x}) \ et \ \nabla h_j(\hat{x})^T y = 0, \forall j \right\}.$$

Si les seules directions de descente en $\hat{x}$ appartiennent au cône normal, alors il n'existe pas de direction de descente réalisable. C'est la caractéristique d'un optimum en présence de contraintes. Le théorème 1.3 formalise cette description.

Théorème 1.3 : Si $T_\Omega^o(\hat{x}) \neq \phi$ et si $\left\{ \nabla g_i(\hat{x}), \nabla h_j(\hat{x}) \mid i \in I(\hat{x}), \forall j \right\}$ est un ensemble avec des éléments linéairement indépendant, alors $-\nabla f(\hat{x}) \in T_\Omega^o(\hat{x})$.

Le point stationnaire $\hat{x}$ est un point KKT.

Dans le cadre de l'optimisation des procédés, Biegler et Grossmann (2004) ont soulevé un problème que présentent ces conditions : le domaine défini dans (*PNL*) présente généralement plusieurs minima locaux. Les conditions (*KKT*) n'assurent alors que l'optimalité locale. Aucune analyse semblable n'est possible pour le problème (*PNEM*), à cause de la présence des variables discrètes (Edgar *et al.*, 2001).

1.3 Méthodes classiques de résolution

1.3.1 Optimisation d'une simulation

Pour la résolution algébrique, les équations sont déjà explicitées algébriquement. Il suffit, en théorie, d'utiliser un algorithme d'optimisation locale sous contrainte (lagrangien augmenté, barrière, gradient réduit généralisé) pour obtenir une solution satisfaisant des conditions d'optimalité (Edgar *et al.*, 2001). Cette approche présente les mêmes inconvénients que ceux présentés dans la section 1.1.2.

Pour la résolution modulaire, l'optimisation du procédé est au sommet de la pyramide; toute stratégie d'optimisation doit reposer sur des simulations répétées. Les stratégies peuvent être divisées en deux groupes (Edgar *et al.*, 2001) :

- sentier intérieur : chaque itération produit une solution réalisable suboptimale, en faisant converger la (ou les) séquence(s) de calcul à chaque simulation. Les paramètres sont ensuite modifiés pour la simulation suivante.
- sentier extérieur : la (ou les) séquence(s) de calcul (Figure 2) n'est itérée qu'une seule fois; les paramètres sont ajustés progressivement et la simula-tion du procédé se termine en même temps que l'algorithme d'optimisation.

Dans un simulateur de procédés (Sieder *et al.*, 1999), c'est un algorithme de SQP (*successive quadratic programming*) qui résout le sous-problème. Il a été observé que cet algorithme requiert peu d'évaluations du procédé et possède les meilleures propriétés de convergence (Edgar *et al.*, 2001).

1.3.2 Algorithme de SQP

Le cadre général d'une itération de SQP est : linéariser les contraintes, approximer l'objectif par une fonction quadratique et résoudre le sous-problème obtenu (Edgar *et al.*, 2001). La suite des itérations constitue une succession de problèmes quadratiques. La définition du sous-problème quadratique est :

$$(QP) \begin{cases} \underset{s}{Min} \ s^T \nabla f(x_k) + \frac{1}{2} s^T Q_k s \\[2mm] s.c. \begin{vmatrix} g(x_k) + s^T \nabla g(x_k) \le 0 \\ h(x_k) + s^T \nabla h(x_k) = 0 \\ l \le x_k \le u \in R^n \\ s \in R^n \end{vmatrix} \end{cases}$$

où $s \in R^n$ est le déplacement recherché pour passer de x_k à x_{k+1}. Au point optimal de SQP, la matrice Q sera une approximation du hessien de $L(x; \mu, \lambda)$, et les contraintes d'égalité seront satisfaites (Biegler et Grossmann, 2004). Cette matrice doit être en tout temps définie positive pour assurer l'unicité du minimum de (QP).

Pour que SQP fonctionne, il faut éviter les discontinuités, les termes fractionnaires avec un dénominateur nul (par exemple : $1/x$), les logarithmes (remplacer $log(x)$ par x^a) et les fonctions indéfinies ($f(x) = \phi$).

L'algorithme de SQP présenté en annexe est l'implantation d'une stratégie de sentier extérieur réalisée par Biegler *et al.* (1999). En pratique, pour des problèmes de moyenne taille, l'algorithme est très efficace (Edgar *et al.*, 2001). Pour des problèmes de grande taille, peu d'essais ont été réalisés, et les résultats ne permettent pas de conclure quant à l'efficacité et la robustesse de l'algorithme (Edgar *et al.*, 2001).

Lorsqu'un algorithme tel SQP est utilisé, les principaux problèmes observés sont une forte instabilité lorsque le gradient de l'objectif est faible ou lorsque le point xk est près des frontières (Zamora et Grossmann, 1998). Le jacobien devient non inversible ou très mal conditionné (Li *et al.*, 2004). Ces problèmes découlent généralement de l'estimation des dérivées. L'approximation linéaire des contraintes peut mener à une violation importante des contraintes non linéaires (Edgar *et al.*, 2001).

1.3.3 Evaluation des dérivées

L'évaluation des jacobiens, hessiens et gradients est problématique (Biegler et Grossmann, 2004). Reconnue pour être lente et peu précise, cette étape limite la performance de l'optimisation des procédés (Li *et al.*, 2004).

Traditionnellement, les dérivées sont approximées par les différences finies. Elles consistent à perturber x (Edgar *et al.*, 2001) :

$$\frac{\partial f(x)}{\partial x_i} = \frac{f(x + \varepsilon e_i) - f(x - \varepsilon e_i)}{2\varepsilon} + O(\varepsilon)$$

$$\frac{\partial^2 f(x)}{\partial x_i \partial x_j} = \frac{f(x - \varepsilon e_i) + f(x - \varepsilon e_j) - 4f(x) + f(x + \varepsilon e_i) + f(x + \varepsilon e_j)}{2\varepsilon^2} + O(\varepsilon^2).$$

Cette méthode est facile à implanter, très flexible et utilise peu de mémoire. Mais, la précision est faible, il est difficile de choisir une bonne valeur de ε (assez petit pour être précis, pas trop pour éviter une division par le 0 informatique) et la méthode n'exploite pas la structure des matrices (il faut en parcourir tous les éléments). Il faut évaluer $2n$ points supplémentaires, opération coûteuse (Li *et al.*, 2004).

Une solution a été proposée par Li *et al.* (2004) : la différentiation automatique modulaire (DAM). C'est une méthode basée sur les règles de dérivée en chaîne. Cette méthode comporte trois grandes étapes :

- partitionner le modèle en modules
- estimer les dérivées partielles dans chaque module
- accumuler les dérivées selon les règles de dérivation en chaîne.

Dans le cadre de la simulation modulaire, la partition est déjà faite; pour la résolution algébrique, il faut utiliser le schéma de décomposition. Cette méthode est très précise, rapide et exploite les structures matricielles (Li *et al.*, 2004). Par contre, elle requiert beaucoup de mémoire, effectue des calculs redondants et est moins flexible que celle des différences finies.

1.4 Méthodes heuristiques

1.4.1 Optimisation globale

Les méthodes heuristiques délaissent la preuve de l'optimalité (Wolsey, 1998). Elles sont adéquates pour trouver rapidement de bonnes solutions à des problèmes complexes et/ou de grande taille, mais sans aucune garantie d'optimalité globale ou locale (Wolsey, 1998). Parce qu'elles n'exploitent pas la structure du problème, ces méthodes ne sont pas sensibles à la complexité. Elles sont généralement rapides et ne requièrent pas l'estimation des dérivées (Biegler et Grossmann, 2004).

Leurs critères d'optimalité sont basés sur la notion de voisinage (Edgar *et al.,* 2001); le voisinage est un ensemble de points « entourant » la solution courante. Pour obtenir une bonne solution, il faut un grand voisinage. Pour être rapide, il faut un petit voisinage. Il faut trouver un compromis :

$$\begin{pmatrix} taille\ du \\ voisinage \end{pmatrix} \ vs \ \begin{pmatrix} temps\ de \\ résolution \end{pmatrix} \approx \begin{pmatrix} qualité\ de \\ la\ solution \end{pmatrix}.$$

La définition d'un problème d'optimisation sous forme combinatoire met en évidence le lien entre la taille du voisinage et la qualité de la solution (Wolsey, 1998) :

$$\underset{S}{Min} \left\{ c(S) \mid v(S) = 0, \ S \subseteq N \right\}$$

où S est une solution du domaine N, $c(S)$ est la valeur de l'objectif et $v(S)$ est l'ensemble des contraintes. Le voisinage local $Q(S)$ est un ensemble de sous-ensembles de N.

> **Définition 1.8** : Une solution $S \subseteq N$ est un optimum local de $c(S)$ en fonction du voisinage $Q(S)$ si :
> $$c(S) \le c(q) \quad \forall q \in Q(S) : v(q) = 0$$

> **Définition 1.9 :** Une solution $S \subseteq N$ est un optimum global de $c(S)$ si : $\qquad c(S) \le c(q) \quad \forall q \subseteq N : v(q) = 0$

C'est la manière de définir et d'explorer $Q(S)$ qui explique les différences entre les méthodes heuristiques (Stephens et Baritompa, 1998) :

> **Définition 1.10 :** Un algorithme déterministe est un algorithme dont la détermination de la solution S_{k+1} ne dépend que de S_k et $c(S_k)$.

> **Définition 1.11 :** Un algorithme stochastique est un algorithme dont la détermination de la solution S_{k+1} dépend de S_k, de $c(S_k)$ et d'une variable aléatoire ω_k.

Certains algorithmes déterministes convergent vers un optimum global, ou prouvent qu'il n'en existe pas. Ils peuvent nécessiter un nombre exponentiel ou infini d'itérations. Ils sont caractérisés par une exploration méthodique du voisinage. Un algorithme connu est l'énumération implicite.

Les algorithmes stochastiques convergent, en probabilité, vers un optimum en un nombre fini d'itérations. L'exploration du voisinage est aléatoire. Parmi les algorithmes les plus connus, on retrouve la recherche tabou, les algorithmes génétiques et le recuit simulé.

Ces algorithmes sont faciles à programmer, ne demandent aucune connaissance particulière du problème à optimiser et requièrent l'ajustement de peu de paramètres (Wolsey, 1998). En pratique, ils fonctionnent très bien, mais convergent lentement (Biegler et Grossmann, 2004). Ils sont recommandés pour faire un « déblayage » préliminaire en vue d'appliquer une méthode plus sophistiquée, dont la convergence serait plus rapide (Edgar *et al.*, 2001).

1.4.2 Problèmes typiques et choix de méthode

Plusieurs problèmes d'optimisation en génie chimique sont présentés dans le Tableau 1; le but n'est pas d'en faire une liste exhaustive, mais plutôt une illustration des applications des méthodes heuristiques.

La dernière ligne du Tableau 1(occurrences dans la revue *Computers and Chemical Engineering*) permet d'évaluer la popularité et l'effort de recherche déployé pour développer ces méthodes. Il ressort que l'algorithme génétique et le recuit simulé sont les heuristiques les plus employées. Le sujet du présent mémoire correspond à « Optimisation d'une simulation ».

Tableau 1 - Applications des méthodes heuristiques

Problème	SQP	Enumération implicite	Recherche tabou	Algorithme génétique	Recuit simulé	Recherche directe
Procédés batch	X		X	X	X	
Train de mélangeurs		X		X		
Train de séparateurs		X		X	X	
Conception de réacteurs	X	X		X	X	
Réseau de conduites		X			X	
Système de pompage		X	X			
Réseau d'échangeurs de chaleur		X	X		X	X
Equilibre de phases	X		X	X	X	X
Détermination d'azéotropes			X		X	
Conformation de molécules	X	X			X	
Estimation de paramètres	X		X	X	X	X
Contôle dynamique				X		X
Analyse de stabilité					X	
Conception de procédés			X	X		X
Planification de la production	X	X		X	X	
Optimisation d'une simulation	X		X	X	X	
Occurrences :						
de 1990 à 2000	38	37	1	38	42	10
de 2000 à 2004	13	14	9	40	13	2

1.4.3 Enumération implicite

L'algorithme présenté en annexe a été mis au point par Zamora et Grossmann (1998). Ils ont modifié l'algorithme classique de Beale et Small (1965) afin de lui permettre l'utilisation de variables continues. A chaque nœud, la borne supérieure est obtenue par une solution réalisable, et la borne inférieure, par une relaxation convexe de $f(x)$ (fonction convexe[1] sous-estimant $f(x)$). Relaxation proposée par Edgar *et al.* (2001) :

$$\hat{f}(x) = f(x) + (\alpha(l-x))^T (u-x)$$

---

[1] Une fonction est convexe si : $f(\alpha x_1+(1-\alpha)x_2) \le \alpha f(x_1) + (1-\alpha)f(x_2)$ pour $x_1, x_2 \in \Omega$ et $\alpha \in [0,1]$.

avec l et u les vecteurs des bornes inférieures et supérieures respectivement, et α un vecteur de réels positifs. Pour être efficace, cet heuristique nécessite la présence de variables discrètes et le respect des conditions suivantes (Edgar *et al.*, 2001) :

- $f(x)$ est convexe
- $h(x)$ est composé de contraintes linéaires seulement
- $g(x)$ est convexe pour tout $x \in \Omega$
- l'ensemble Ω est convexe.

Il est adéquat pour les termes non convexes (Zamora et Grossmann, 1998) :

- fonctions concaves : exposant fractionnels entre 0 et 1
- termes bilinéaires : produit de deux variables continues
- termes linéaires fractionnaires : ratio de deux variables continues.

D'après le Tableau 1, il ressort que toutes les situations étudiées possèdent au moins une de ces caractéristiques, en plus de comporter des termes entiers (nombre de réacteurs, de colonnes, étages dans une pompe, branchements entre conduites, etc.). Cet algorithme est efficace pour des petits problèmes. Il n'est pas adapté à la simulation modulaire, et n'a jamais été testé sur l'optimisation d'une simulation (Zamora et Grossmann, 1998). Il est reconnu pour être très lent (Edgar *et al.*, 2001).

1.4.4 Recherche tabou

L'algorithme présenté en annexe est une adaptation par Lin et Miller (2004) de l'algorithme original par Glover (1986). Un pseudo-code très détaillé est présenté dans Edgar *et al.* (2001). L'idée est d'examiner le voisinage autour du point courant. S'il existe une meilleure solution, le prochain point courant sera cette solution, et cette solution est ajoutée à la liste tabou, liste qui interdit de revenir au point courant (Wolsey, 1998).

Cette technique est flexible et permet de tenir compte des contraintes, autant pour les problèmes (*PNEM*) et (*PNL*) (Lin et Miller, 2004). Pour assurer la réalisabilité, les contraintes d'égalité sont résolues par substitutions successives (Edgar *et al.*, 2001). Cependant, cette approche ne fonctionne que si le nombre de contraintes est petit (Lin et Miller, 2004). Il est possible d'ajouter des possibilités à l'algorithme :

28

- intensification : si plusieurs solutions tabou sont « proches », le voisinage généré tend à être dense dans cette région
- diversification : exploration de régions « éloignées » des solutions tabou.

Cet algorithme n'a pas été testé sur de gros problèmes. Les auteurs ont explicité analytiquement toutes les équations, mais la structure de l'algorithme permettrait l'adaptation à la simulation modulaire et/ou à des boîtes noires (Edgar *et al.,* 2001). La performance de l'algorithme est très sensible à l'ajustement des paramètres.

1.4.5 Algorithme génétique

Les plus récents essais en génie chimique ont été effectués par Loboreiro et Acevedo (2004). Cet algorithme (Holland, 1975) est basé sur l'analogie avec une population de chromosomes. Chaque solution réalisable est un chromosome, qui peut se combiner avec d'autres ou subir une mutation. La qualité des solutions dans le « génome » de la population est ainsi améliorée itérativement (Wolsey, 1998).

Il est possible de résoudre des problèmes avec ou sans variables entières, en utilisant des logiciels commercialement disponibles (Edgar et al., 2001, Loboreiro et Acevedo, 2004). La convexité du problème n'est pas importante. L'algorithme peut considérer les contraintes d'inégalité et d'égalité : il teste la réalisabilité de chaque solution (Loboreiro et Acevedo, 2004).

L'algorithme présenté en annexe produit des résultats de qualité étonnante. Son point fort est l'amélioration générale du voisinage à chaque itération (Wolsey, 1998). Il est bien adapté aux boîtes noires et à la simulation modulaire (Loboreiro et Acevedo, 2004); les auteurs ont utilisé le logiciel Aspen. Par contre, il est plus difficile à implémenter et l'ajustement des paramètres est très délicat (Edgar *et al.,* 2001).

1.4.6 Recuit simulé

Cet algorithme est basé sur une analogie avec la fabrication d'acier recuit (Kirkpatrick *et al.*, 1983) : plus la température de l'alliage diminue, moins une réorganisation cristalline est probable. Les plus récents développements de l'adaptation de cet algorithme pour le génie chimique sont attribués à Hanke et Li (2000). Ils visaient la résolution de problèmes « boîte noire », en utilisant des logiciels commerciaux pour évaluer l'objectif. Leur algorithme est présenté en annexe.

Le concept de l'algorithme de recuit simulé est de se déplacer vers un meilleur point du voisinage, s'il en existe un. Sinon, l'algorithme tolère un déplacement vers un moins bon point, si ce déplacement est probable d'après la « température » (Wolsey, 1998). C'est un des algorithmes heuristiques les plus simples. Très efficace, il ne requiert que deux paramètres dont un ajustement grossier suffit (Hanke et Li, 2000).

Les auteurs ont appliqué cet algorithme avec succès sur un « gros » problème de type (*PNEM*) non convexe (Hanke et Li, 2000). Ils ont observé une diminution de l'objectif rapide au début, mais très lente à la fin. Une recommandation était d'utiliser un algorithme génétique pour accélérer la convergence (Hanke et Li, 2000, Biegler et Grossmann, 2004). Cet algorithme pourrait être utilisé conjointement avec Aspen.

1.5 Remarques générales

L'optimisation d'une simulation à grande échelle appartient à la classe des problèmes d'optimisation les plus difficiles (Choi *et al.*, 1999). Les méthodes classiques de résolution conduisent au point KKT local le « plus près »; d'ailleurs, l'algorithme SQP est appelé solveur local (Edgar *et al.*, 2001). Reposant sur des hypothèses de différentiabilité, l'absence de celle-ci fait échouer les solveurs locaux, même pour des fonctions simples telles que :

- $|f(x)|$
- $\max \{f(x), g(x)\}$
- $h(x) = \{f(x) \text{ si } x \leq x_0, \ g(x) \text{ sinon}\}$
- interpolation (splines) entre des données tabulées.

Les algorithmes heuristiques sont stables, ne requièrent pas l'information des dérivées et peuvent tenir compte des fonctions ci-dessus (Biegler et Grossmann, 2004). Leur point faible est l'absence d'analyse de convergence (Wolsey, 1998). Ils offrent la possibilité d'être accélérés par hybridation des méthodes (Choi *et al.*, 1999). En pratique, ils se sont révélés efficaces.

L'établissement d'une méthode efficace d'optimisation d'une simulation doit tenir compte des éléments sûrs, qui ont démontré leur performance et leur fiabilité : ne pas utiliser les dérivées, posséder un caractère stochastique et utiliser la simulation modulaire. L'approche la plus prometteuse a été explicitée par Bowden et Hall (1998) :

> *... an automated optimizer would be a computer application external to the simulation model. The optimizer would use model inputs and outputs as well as user supplied information to determine an optimal solution[1].*

Plus une méthode sera orientée vers la recherche globale, moins elle sera susceptible d'être bloquée par les optima locaux (Bowden et Hall, 1998, Stephens et Baritompa, 1998). C'est cette voie qui sera exploitée dans le présent mémoire.

---

[1] Traduction : « Un optimiseur automatisé serait une application informatique externe au simulateur. L'optimiseur utiliserait les entrées et sorties du simulateur, en plus de tout autre information fournie par l'usager pour déterminer une solution optimale. »

32

CHAPITRE 2. LES MÉTHODES DIRECTES

Les méthodes directes ont connu deux vagues de popularité. La première, au cours des années 1950 à 1970, a vu le développement des méthodes de recherche directe. La deuxième vague a débuté avec les années 1990; un courant majeur est celui de la recherche par motifs. Entre ces deux phases, les progrès de l'informatique ont permis l'avancement de méthodes utilisant les dérivées, ou, les méthodes indirectes.

Dans le cadre d'une taxonomie basée sur les séries de Taylor, les méthodes directes sont classifiées « ordre 0 », parce qu'elles ne requièrent pas l'information des dérivées. Les méthodes basées sur le gradient sont dites d'ordre 1, et les méthodes quasi-Newton sont d'ordre 2 (Lewis *et al.*, 2000).

Les méthodes directes sont conçues et parfois réussissent bien pour les cas où :

- l'objectif est coûteux à évaluer, présente du bruit, et est non différentiable, discontinu ou indéterminé en certains points
- les dérivées partielles exactes ne peuvent être calculées
- l'approximation du gradient est en pratique irréalisable ou l'information obtenue n'est d'aucune utilité.

Les méthodes directes ont été qualifiées de « ad hoc » ou de « heuristique », et une opinion très pessimiste a été entretenue sur ces méthodes (Wright, 1995). Elles n'ont pas été crues capables de résoudre des problèmes complexes. Leur regain en popularité, ironiquement, s'explique par l'échec des méthodes utilisant les dérivées, appliquées sur de « vrais » problèmes (Lewis *et al.*, 2000). De plus, on dispose maintenant une analyse de convergence rigoureuse pour certaines d'entre elles.

2.1 Recherche directe

2.1.1 Généralités

La première mention du terme « recherche directe » date de 1961, dans un article publié par Hooke et Jeeves (1961) :

We use « direct search » to describe sequential examination of trial solutions involving comparison of each trial solution with the « best » obtained up to that time together with a strategy for determining what the next trial solution will be[1].

Les itérations reposent sur une simple diminution de l'objectif, par opposition à une diminution suffisante pour les méthodes du gradient. Pour une recherche directe, seule une valeur numérique de l'objectif et des contraintes est requise; la connaissance de la structure interne du problème n'est pas nécessaire (Lewis *et al.*, 2000), donc les problèmes à résoudre sont des « boîtes noires ».

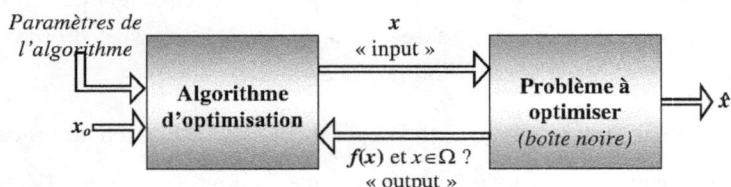

Figure 4 - Fonctionnement des méthodes directes

En pratique, ces méthodes fonctionnent bien. Elles sont généralement simples à implanter et ne nécessitent l'ajustement que de peu de paramètres. Elles s'adaptent rapidement à tous les problèmes non linéaires, contrairement aux méthodes quasi-Newton (Biegler et Grossmann, 2004). Les méthodes directes sont si souples qu'elles peuvent optimiser des problèmes de nature non linéaire, non différentiable, non convexe, voire même non connexe (Biegler et Grossmann, 2004).

2.1.2 Méthode de Hooke-Jeeves

Cette méthode est l'ancêtre de la recherche par motifs (Lewis et al., 2000). Conçue pour les problèmes non contraints, elle a rapidement été utilisée pour résoudre des problèmes sur des petits ordinateurs (Shoup et Mistree, 1986). L'idée est, à partir d'un point, d'examiner la valeur de l'objectif aux voisins:

$$x_k^i = x_k + \Delta_k e_i, \quad i = 1,...,n$$

---

[1] Traduction : « Nous utilisons le terme recherche directe pour décrire l'examen d'une séquence de solutions proposées, impliquant la comparaison de chaque solution avec la meilleure obtenue avec une stratégie pour déterminer quelle sera la prochaine solution essayée. »

avec e_i le i^e vecteur unitaire et $\Delta_k \in R_+$, le pas d'exploration. Si un meilleur point x_k^i est détecté, l'algorithme extrapole un nouveau point de base dans sa direction:

$$x_{k+1} = x_k^i + (1 + \alpha)\Delta_k e_i \quad .$$

Si aucun meilleur point n'est détecté, la résolution de la recherche Δ_k est réduite, c'est-à-dire si et seulement si :

$$f(x_k) \le f(x_k + \Delta_k e_i) \quad \forall i = 1, \dots, n \quad .$$

Le seul paramètre à ajuster est le facteur $\alpha > 1$. Cette méthode s'est révélée très efficace, particulièrement pour la recherche de paramètres en régression. En présence de contraintes, la méthode ne fonctionne pas toujours : elle reste bloquée dans le domaine non réalisable dès qu'une contrainte est violée (Shoup et Mistree, 1986).

2.1.3 Méthode de Rosenbrock

C'est une amélioration de la méthode de Hooke-Jeeves (Shoup et Mistree, 1986, Lewis *et al.*, 2000). Son principe est de retourner les axes de recherche en respectant certaines règles. Les directions de recherche sont toujours orthonormées[1]. Une itération commence par l'examen des voisins :

$$x_k^i = x_k + \Delta_k s_i, \quad i = 1, \dots, n \text{ et } s_i \in S \quad .$$

Si un meilleur point est détecté, le motif se recentre sur ce point et le pas d'exploration est augmenté par $\alpha > 1$ (les axes ne sont pas retournés) :

$$\Delta_{k+1} = \alpha \Delta_k \quad .$$

Sinon, l'exploration des voisins est reprise en diminuant le pas d'exploration :

$$\Delta_{k+1} = \alpha^{-1} \Delta_k \quad .$$

Si le pas d'exploration a été diminué une fois et qu'aucun meilleur point n'a été trouvé, et si la convergence désirée n'est pas atteinte, les axes sont retournés :

$$S = RS$$

---

[1] Une base S est orthonormée si et seulement si : $s_i^T s_j = \begin{cases} 0 & si \ i \ne j \\ 1 & si \ i = j \end{cases}$

avec R une matrice de rotation calculée de manière à suivre la direction de la plus forte descente. La méthode de Rosenbrock est plus performante que celle de Hooke-Jeeves. Elle est robuste en présence de contraintes linéaires, mais faible si les contraintes sont courbées. Elle requiert l'ajustement d'un paramètre supplémentaire et est un peu moins aisée à implémenter.

2.1.4 Méthode de Powell

Elle pourrait être considérée comme une méthode de directions conjuguées sans dérivées (Shoup et Mistree, 1986, Edgar *et al.,* 2001). L'idée est encore basée sur une exploration de l'espace dans des directions orthogonales, mais le pas λ_i n'est pas prédéterminé. Il est obtenu par recherche linéaire à l'aide de la section dorée. Une itération consiste, pour un x_k, à déterminer l'ensemble :

$$X = \left\{ x_k^1 \middle| \min_{\lambda_1} f(x_k^1 = x_k + \lambda_1 e_1) \right\} \cup \left\{ x_k^i \middle| \min_{\lambda_i} f(x_k^i = x_k^{i-1} + \lambda_{i-1} e_{i-1} + \lambda_i e_i), i = 2,...,n \right\}$$

avec e_i le i^e vecteur unitaire. Pour éviter la dépendance linéaire (si un des λ_i est nul), il est recommandé d'augmenter l'ensemble X tel que :

$$X' = X \cup \left\{ x_k^{n+1} \middle| \min_{\lambda_{n+1}} f(x_k^n = x_k^n + \lambda_{n+1}(x_k^n - x_k^1)) \right\} \quad .$$

Ensuite, il faut identifier le point engendrant la plus grande diminution de $f(x)$:

$$x_{k+1}^1 = \arg\max_{x_k^i} \left\{ f(x_k^i) - f(x_k^1) \quad \forall x_k^i \in X' \right\} \quad .$$

Pour les fonctions convexes, l'algorithme de Powell s'est révélé particulièrement efficace. Pour des fonctions quadratiques, cet algorithme possède la propriété de converger dans un nombre fini d'itérations.

2.1.5 Méthode de Nelder-Mead

C'est la méthode la plus populaire, encore largement utilisée aujourd'hui (Shoup et Mistree, 1986, Wright, 1995). L'idée est d'utiliser un simplexe (ensemble de $n+1$ points affinement indépendants de R^n). Grâce aux opérations possibles dans l'algorithme (réflexion, dilatation, contraction, diminution), le simplexe se déforme et évolue en s'adaptant à l'objectif. Les étapes d'une itération sont :

1- Ordonner : classifier les sommets du simplexe tel que :

$$f(x_k^1) \leq f(x_k^2) \leq ... \leq f(x_k^{n+1}).$$

2- Réfléchir : calculer le point de projection x_r :

$$x_r = \bar{x} + \rho(\bar{x} - x_k^{n+1}) \quad \text{avec } \bar{x} = \sum_{i=1}^{n} x_k^i / n$$

avec $\bar{x}$ le centroïde du simplexe. Si $f(x_k^1) \leq f(x_r) < f(x_k^n)$, accepter x_r comme remplaçant de x_k^{n+1}. Sinon, continuer.

3- Dilater : si $f(x_r) < f(x_k^1)$, calculer le point d'expansion $x_e = \bar{x} + \chi(x_r - \bar{x})$

Si $f(x_e) < f(x_r)$, accepter xe comme remplaçant de x_k^{n+1}. Sinon, accepter x_r. Terminer l'itération.

4- Contracter : calculer le point x_c tel que :

$$f(x_k^n) \leq f(x_r) < f(x_k^{n+1}) \Rightarrow x_c = \bar{x} + \gamma(x_r - \bar{x})$$
$$f(x_k^{n+1}) \leq f(x_r) \Rightarrow x_c = \bar{x} - \gamma(x_r - \bar{x}) \ .$$

Si $f(x_c)$ est meilleur que $f(x_r)$, accepter $x_k^{n+1} = x_c$.

5- Diminuer : définir $x_{k+1}^i = x_{k,1} + \sigma(x_k^i - x_k^1)$, le nouveau simplexe.

Les paramètres ont été typiquement fixés à : $\rho = 1$, $\chi = 2$, $\gamma = \frac{1}{2}$ et $\sigma = \frac{1}{2}$. Etant très répandue, la méthode de Nelder-Mead a fait face à une analyse théorique plus pointue. Les principales interrogations sont :

- Est-ce que les sommets du simplexe convergent vers le même point ?
- Est-ce que le volume du simplexe tend vers 0 ?
- Est-ce que le simplexe converge vers un point stationnaire ?

Des analyses théoriques ont permis d'établir un ensemble de conditions assurant le respect de ces propriétés (Lagarias *et al.*, 1998). Il a été observé en pratique que pour les fonctions strictement convexes, l'algorithme converge généralement vers un point stationnaire. Mais, un contre-exemple dans R^2 (Wright, 1995) :

$$Min\ f(x) = \max \left\{ \left\| x - (0, 32)^T \right\|^2, \left\| x - (0, -32)^T \right\|^2 \right\}$$

37

suffit à illustrer sa faiblesse. En partant du simplexe $\{(8,0),(-4,-4),(-16,10)\}$, la méthode converge vers le point (8, 0) qui n'est pas un minimiseur. McKinnon (1998) a démontré que parfois, le simplexe devient affinement dépendant; sa dimension est diminué (par exemple, le tétraèdre devient un triangle). Dans cette situation, la méthode converge vers un point non stationnaire (McKinnon, 1998).

Cette méthode est toujours perçue comme robuste. Elle est largement utilisée (entre autres par Matlab) et donne généralement de bons résultats si la fonction est lisse. Si la fonction est discontinue, non convexe ou non différentiable et s'il y a des contraintes, il n'existe aucune garantie sur le bon fonctionnement de l'algorithme (Wrigth, 1995).

2.1.6 Remarques finales

En général, les méthodes de recherche directe ont montré, en pratique, une convergence locale lente (Biegler et Grossmann, 2004). Ces méthodes n'ont pas été développées avec une idée d'analyse de convergence, ce qui en justifie la qualification d'heuristiques. Ces méthodes performent bien avec des petits problèmes et deviennent rapidement inefficaces pour des problèmes de moyenne et grande taille (Wrigth, 1995). En présence de contraintes, aucune des méthodes présentées précédemment ne produit un résultat satisfaisant.

2.2 Recherche par motifs

2.2.1 Premiers développements

La première occurrence de l'idée d'utiliser un motif statique pour explorer l'espace remonte à Hooke et Jeeves (1961). Leur algorithme n'a pas été développé avec une perspective d'analyse de convergence; c'est pourquoi cette méthode a été rapidement supplantée lors de l'arrivée des méthodes indirectes.

C'est avec Torczon (1997) que le principe de la recherche par motifs a été repris, amélioré et formalisé. La grande innovation a été d'éliminer la dépendance de l'exploration de l'espace face à l'objectif. Pour ce faire, la méthode utilise un motif de points prédéterminé sur un treillis conceptuel dans l'espace des variables, au lieu de définir le motif en fonction du point courant.

Cette particularité permet de demeurer dans le domaine réel, d'éviter les déplacements arbitraires et d'empêcher une terminaison prématurée. Ainsi, la convergence globale devient envisageable. Le fait de se déplacer sur un treillis rend possible une analyse de convergence rigoureuse, point essentiel au développement d'une technique d'optimisation fiable. L'analyse de convergence réalisée par Torczon (1997) a permis d'établir le théorème fondamental de la recherche par motifs :

> **Théorème 2.1** : Supposons que $L(x_0) = \{x \mid f(x) \le f(x_0)\}$ est compact et que $f : R^n \to R$ est continûment différentiable sur $L(x_0)$. Alors, pour la suite $\{x_k\}$ des points produits par un algorithme de recherche par motifs :
> $$\lim_{k \to \infty} \inf \| \nabla f(x_k) \| = 0 \quad .$$

La recherche par motifs est une méthode de descente reliée au gradient. Elle ne peut se terminer prématurément à cause du mécanisme de contrôle des déplacements (Torczon, 1997). C'est une conclusion forte, mais restreinte au cas des fonctions continûment différentiables sur un domaine non contraint.

2.2.2 Algorithme GPS

Booker *et al.* (1999) ont reformulé la version de l'algorithme présenté par Torczon (1997); ils ont explicité la structure d'un algorithme GPS (*generalized pattern search*). Ce dernier a été utilisé avec succès pour résoudre des problèmes d'optimisation dans des domaines très variés :

- conception de rotors d'hélicoptère (Booker *et al.*, 1998)
- conception optimale de bouclier thermique (Kokkolaras *et al.*, 2001, Abramson, 2004)
- optimisation des stratégies de maintenance des plans de production (Ouali *et al.*, 2003)
- recherche de paramètres pour les modèles de combustion catalytique (Hayes *et al.*, 2003)
- minimisation de l'énergie de conformation d'une molécule (Alberto *et al.*, 2004)
- optimisation de formes en aéroacoustique (Alison *et al.*, 2004)
- problèmes de forage de puits artésiens (Fowler *et al.*, 2004).

L'algorithme GPS présenté dans cette section est extrait de Audet et Dennis (2003), et s'applique au problème :

$$\underset{x \in \Omega}{Min}\, f(x)$$

avec $f: R^n \to R \cup \{\infty\}$. Aucune hypothèse n'a été posée sur le domaine $\Omega \subset R^n$; il peut être non linéaire, non convexe ou non connexe.

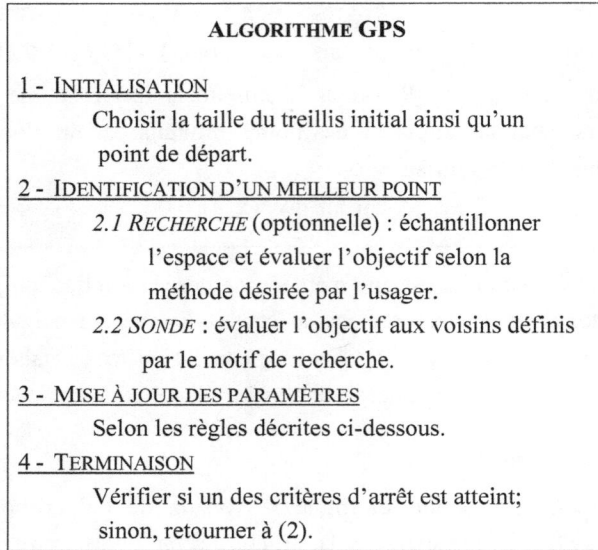

ALGORITHME GPS

1 - INITIALISATION
    Choisir la taille du treillis initial ainsi qu'un
    point de départ.

2 - IDENTIFICATION D'UN MEILLEUR POINT
    2.1 RECHERCHE (optionnelle) : échantillonner
    l'espace et évaluer l'objectif selon la
    méthode désirée par l'usager.
    2.2 SONDE : évaluer l'objectif aux voisins définis
    par le motif de recherche.

3 - MISE À JOUR DES PARAMÈTRES
    Selon les règles décrites ci-dessous.

4 - TERMINAISON
    Vérifier si un des critères d'arrêt est atteint;
    sinon, retourner à (2).

Figure 5 - Algorithme GPS

Les sous-sections suivantes détailleront chacune des étapes de l'algorithme. La version plus détaillée figure dans l'article de Audet et Dennis (2003).

Initialisation

L'usager doit fournir un point initial x_0 tel que $f(x_0) < \infty$ et une taille initiale $\Delta_0 \in R_+$ pour le treillis. L'algorithme doit ensuite générer une base positive[1] D de R^n et un treillis initial :

$$M_0 = \left\{ x_0 + \Delta_0 Dz \,\middle|\, z \in N^{|D|} \right\}.$$

---

[1] Une base positive D de R^n est un ensemble de vecteurs d_i tel que : $R^n = \left\{ \sum_{i=1}^{n+1} \lambda_i d_i, \ \forall \lambda_i > 0, \forall d_i \in D \right\}$

pour lequel aucun sous-ensemble de D ne possède cette propriété (Davis, 1954). Voir Audet et Dennis (2004a) pour une technique de génération automatique de la base positive.

Le compteur d'itérations k est initialisé à 0. Pour $k > 0$, la définition du treillis M_k demeurera la même que celle présentée ci-dessus, en remplaçant les indices « 0 » par l'indice « k ».

Recherche

Cette étape est optionnelle et doit être finie. Le but est de donner la plus grande flexibilité possible à l'usager pour explorer M_k. Il peut utiliser n'importe quelle stratégie pour améliorer la performance de l'algorithme :

- Optimiser une fonction substitut (*surrogate*) ou un modèle empirique
- Faire un échantillonnage fini sur M_k (ex. : avec un hypercube latin)
- Utiliser une heuristique ou un autre algorithme de minimisation.

Cette étape donne à l'usager la liberté d'inclure au GPS ses propres connaissances ou exigences sur le problème étudié. Si aucune amélioration n'est apportée à la meilleure solution connue au cours de cette étape, l'algorithme passe à la sonde. Si un meilleur point a été trouvé, l'algorithme passe à la mise à jour des paramètres.

Sonde

C'est une étape obligatoire qui assure la convergence de l'algorithme lorsque la recherche échoue ou lorsque l'usager n'utilise pas de recherche. Elle consiste à définir l'ensemble à sonder P_k :

$$P_k = \left\{ x_k + \Delta_k d \mid d \in D \right\}$$

et à évaluer $f(x \in P_k)$. Une stratégie <u>opportuniste</u> consiste à arrêter l'évaluation des éléments de P_k dès qu'un meilleur point est détecté. Une stratégie <u>exhaustive</u> consiste à évaluer tous les éléments de P_k et à choisir celui qui diminue le plus $f(x_k)$. Si aucun meilleur point n'a été trouvé, le point x_k est appelé « optimum local du treillis ». L'algorithme passe à la mise à jour des paramètres.

Mise à jour des paramètres

Cette étape requiert la définition d'un paramètre de dimensionnement $\tau > 1$. La redéfinition de Δ_k se fait en fonction des résultats de la recherche ou de la sonde :

- Si x_k est un optimum local, le treillis est contracté :
$$\Delta_{k+1} = \Delta_k(\tau)^v \quad (v < 0 \in Z, \text{ borné inférieurement})$$
- Si x_k a été amélioré, le treillis est laissé tel quel ou agrandi :
$$\Delta_{k+1} = \Delta_k(\tau)^w \quad (w \in N, \text{ borné supérieurement}) \ .$$

Typiquement, les paramètres sont : $\tau = 2$, $v = -1$ et $w = 1$. Le compteur k est augmenté à $k+1$ et l'algorithme passe à l'étape de terminaison.

Terminaison

Les critères de terminaison généralement utilisés sont une tolérance sur Δ_k et une limite sur le nombre d'évaluations de $f(x)$. Si un de ces critères est atteint, l'algorithme génère un rapport d'exécution. Sinon, il retourne à l'étape d'identification d'un meilleur point.

2.2.3 Analyse de convergence

Afin de mener l'analyse de la convergence, deux hypothèses fondamentales ont été posées par Audet et Dennis (2003) :

- la fonction $f(x) : R^n \to R \cup \{\infty\}$ et un point initial x_0 $(f(x_0) < \infty)$ sont disponibles
- les $\{x_k\}$ générés par l'algorithme appartiennent à un ensemble compact.

> **Proposition 2.2** : Sous les hypothèses fondamentales, les paramètres de taille du treillis satisfont :
> $$\lim_{k \to \infty} \inf \Delta_k = 0 \ .$$

Il est important de noter que Δ_k n'est contracté que lorsqu'un optimum local du treillis est trouvé. La proposition 2.2 et la technique de mise à jour de Δ_k impliquent que l'algorithme génère une infinité d'optima locaux du treillis, sur des treillis devenant infiniment fins. Il convient alors d'introduire le concept de sous-suite raffinante.

> **Définition 2.3** : Une sous-suite de points générés par GPS constituée des optima locaux du treillis $\{x_k\}_{k \in K}$ est une sous-suite raffinante si $\{x_k\}_{k \in K}$ tend vers 0.

Il découle des hypothèses fondamentales, de la proposition 2.2 et de la définition 2.3 qu'il existe au moins une sous-suite raffinante. De plus, puisque tous les itérés produits par l'algorithme appartiennent à un ensemble compact, il existe nécessairement un point d'accumulation associé à chaque sous-suite raffinante (Audet et Dennis, 2003). Avant d'étudier plus avant le comportement de l'algorithme, il est nécessaire d'introduire les notions de fonction Lipschitz et de dérivée de Clarke.

> **Définition 2.4** : Une fonction est dite Lipschitz en un point x s'il existe un $\Lambda \in R$ positif tel que pour tout y suffisamment près de x :
>
> $$\left| \frac{f(x) - f(y)}{x - y} \right| \leq \Lambda \quad .$$

> **Définition 2.5** : Soit $\hat{x}$ le point limite d'une sous-suite raffinante produite par GPS. Alors, la dérivée directionnelle généralisée de Clarke est :
>
> $$f^o(\hat{x}; d) = \lim_{y \to \hat{x}, t \downarrow 0} \sup \frac{f(y + td) - f(y)}{t} \quad .$$

Une fonction Lipschitz peut être non différentiable en $\hat{x}$, mais doit absolument être continue. La dérivée de Clarke en $\hat{x}$ dans la direction d est définie pour les fonctions localement Lipschitz. Le résultat suivant, obtenu par Audet et Dennis (2003) est le point central de l'analyse des GPS :

> **Théorème 2.6** : Sous les hypothèses fondamentales, si $\hat{x}$ est n'importe quelle limite d'une sous-suite raffinante, si d est n'importe quelle direction dans D et si f est Lipschitz autour de $\hat{x}$, alors :
>
> $$f^o(\hat{x}; d) \geq 0 \quad .$$
>
> *Preuve : Elle découle directement d'insertion des prérequis du théorème 2.6 dans les définitions de fonction Lipschitz et de dérivée de Clarke, en considérant la proposition 2.2 :*
>
> $$f^o(\hat{x}; d) \equiv \lim_{y \to \hat{x}, t \downarrow 0} \sup \frac{f(y + td) - f(y)}{t} \geq \lim_{k \in K} \sup \frac{f(x_k + \Delta_k d) - f(x_k)}{\Delta_k} = 0$$

Ce théorème signifie qu'au point limite de chaque sous-suite raffinante, il n'existe plus de direction de descente dans aucune des directions de D, pour un domaine

43

non contraint. Ce théorème démontre également que l'algorithme GPS est une technique directionnelle. Le choix des directions de D est crucial.

Grâce au théorème 2.6, Audet et Dennis (2003) ont pu établir une hiérarchie de résultats de convergence pour les cas intermédiaires entre les fonctions semi-continues inférieures et les fonctions continûment différentiables (analyse réalisée par Torczon (1995)) :

- si f est semi-continue bornée inférieurement, si $\hat{x}$ est le point limite d'une suite d'optima locaux de treillis devenant infiniment fins, $f(\hat{x}) \le \lim_k f(x_k)$
- si f est Lipschitz autour de $\hat{x}$, $f^o(\hat{x}; d) \ge 0$ pour toute direction $d \in D$ de R^n; $f(\hat{x}) = \lim_k f(x_k)$ puisque f est continue autour de $\hat{x}$.
- si f est strictement différentiable en $\hat{x}$, alors $\nabla f(\hat{x}) = 0$.

2.2.4 GPS avec contraintes générales

Une certaine souplesse a été prévue par Audet et Dennis (2004b) si $x_k \notin \Omega$. Deux stratégies sont possibles : l'approche de barrière ou l'approche de filtre. L'approche de barrière consiste à définir :

$$f_\Omega(x) = \begin{cases} f(x) & si \ x \in \Omega \\ \infty & sinon \end{cases}.$$

L'algorithme (appliqué sur $f_\Omega(x)$) est extrêmement pénalisé s'il génère un point à l'extérieur du domaine réalisable. C'est une approche agressive qui a pour but d'encourager la réalisabilité. Pour les contraintes linéaires et de bornes, si D est conforme à la géométrie du domaine, Audet et Dennis (2003) ont démontré que pour une fonction strictement différentiable en $\hat{x}$, le $\hat{x}$ produit par GPS est KKT.

L'approche du filtre consiste à définir une fonction $\Phi(x)$ qui agrège les violations de contraintes. Une zone d'acceptabilité, caractérisée par Φ_{max}, est alors définie pour les points $x \notin \Omega$ qui sont « près » du domaine réalisable :

$$\Phi(x) = \sum_i \max\{0, g_i(x)\}.$$

On a que $\Phi(x) \ge 0$ pour tout x, parce que si $g_i(x)$ est violée, la valeur sera positive; sinon, c'est le 0 qui sera choisi. Tout point tel que $\Phi(x) > \Phi_{max}$ sera rejeté.

Cette technique de caractérisation des contraintes permet d'éviter l'usage de pénalités ou de multiplicateurs de KKT. Il n'est pas nécessaire de qualifier les contraintes (définition 1.2 et théorème 1.3). La Figure 6 illustre et compare les concepts de barrière et de filtre sur un même domaine hypothétique.

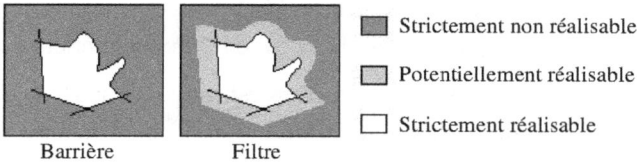

Barrière   Filtre

■ Strictement non réalisable

■ Potentiellement réalisable

□ Strictement réalisable

Figure 6 - Schéma conceptuel pour la non-réalisabilité

Il s'agit ensuite de considérer le problème biobjectif : minimiser les valeurs de l'objectif et du filtre. La priorité est accordée à $\Phi(x)$ parce qu'on désire produire des solutions réalisables. Pour analyser le problème biobjectif, on utilise un graphique tel que celui présenté sur la Figure 7 (obtenu à partir des résultats de la section 4.2.2)

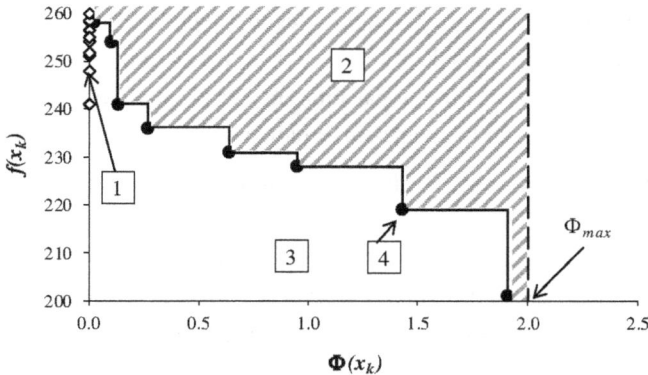

Figure 7 - Analyse du filtre

1 – domaine réalisable $\Omega = \left\{ x \in R^n \mid \Phi(x) = 0 \right\}$

2 – points filtrés (rejetés); ils sont dominés (un point est dit dominé si, pour une même valeur de $f(x)$, il existe un point dont la valeur de $\Phi(x)$ est moindre)

3 – points non filtrés (acceptés), ils améliorent l'état du filtre

4 – enveloppe des points dominants du filtre (acceptés et contraction du treillis); ce sont les meilleurs points trouvés à ce jour dans le filtre.

45

Ensuite, Audet et Dennis (2004b) ont modifié légèrement l'algorithme présenté à la Figure 5. Dans l'étape 3, ils rajoutent une étape de mise à jour du filtre :

- s'il y a des points de P_k qui ne sont pas filtrés (zone 3 de la Figure 7), modifier l'enveloppe (élément 4 de la Figure 7) pour les inclure;
- définir x_{k+1} comme étant le meilleur point réalisable trouvé, ou sinon, prendre le point qui minimise la valeur du filtre (si inférieur à Φ_{max}).

Pour les contraintes générales, si le filtre est utilisé et si D est conforme à la géométrie du domaine, Audet et Dennis (2003) ont démontré que pour une fonction strictement différentiable en $\hat{x}$, le point $\hat{x}$ produit par GPS est KKT.

2.3 Recherche directe par treillis adaptifs

2.3.1 Motivation à l'utilisation des MADS

Les MADS (*mesh adaptive direct searches*) (Audet et Dennis, 2004a) sont une amélioration des GPS. Cette classe d'algorithmes a pour but de compenser certaines faiblesses observées de GPS (Audet 2004) :

- en théorie, il n'assure pas la non-négativité de la dérivée de Clarke dans toutes les directions de R^n, à cause du nombre limité de directions dans D
- en pratique, il ne produit pas toujours des points Clarke-KKT pour des fonctions Lipschitz, même si le gradient existe au point limite.

La manière de contourner ces faiblesses est de ne pas se restreindre à un motif de recherche statique. Il faut faire varier les directions de sonde afin de couvrir tout l'espace de recherche, en utilisant toujours un treillis conceptuel. Un avantage des directions de recherche variables est de pouvoir également considérer les contraintes non linéaires. Le problème à résoudre est :

$$Min\ f(x)$$

avec $f : R^n \to R \cup \{\infty\}$ et $x \in R^n$. Le domaine peut être non linéaire, non convexe, non différentiable ou non connexe, et peut être contraint (linéairement ou non) ou non. Pour le cas sans contrainte, le but est de produire un point tel que :

$$f^o(\hat{x}; v) \geq 0, \ \forall v \in R^n \ \Leftrightarrow \ 0 \in \partial f(\hat{x})$$

avec $\partial f(\hat{x}) = \left\{ s \in R^n \middle| f^o(\hat{x}; v) \geq v^T s, \forall v \in R^n \right\}$. Pour le cas avec contrainte, une analyse basée sur les cônes de contrainte sera requise pour définir un point KKT.

46

Déjà, avec GPS, l'exploration de l'espace était rigide et systématique, indépendante de la structure du problème, mais la convergence ne possédait pas cette indépendance. Avec MADS, la convergence sera indépendante des directions d'explorations et l'exploration de l'espace, plus efficace.

2.3.2 Algorithme MADS

Audet et Dennis (2004a) proposent un cadre général de MADS, ainsi qu'une version spécialisée, où plusieurs choix algorithmiques ont été faits. Dans le cadre de ce travail seront présentés l'instance spécialisée et ses principaux résultats de convergence. Le changement majeur par rapport à GPS a été de remplacer Δ_k par Δ_k^m (*mesh size parameter*) et d'introduire un paramètre de taille Δ_k^p (*poll size parameter*) tel que $\Delta_k^m \leq \Delta_k^p$.

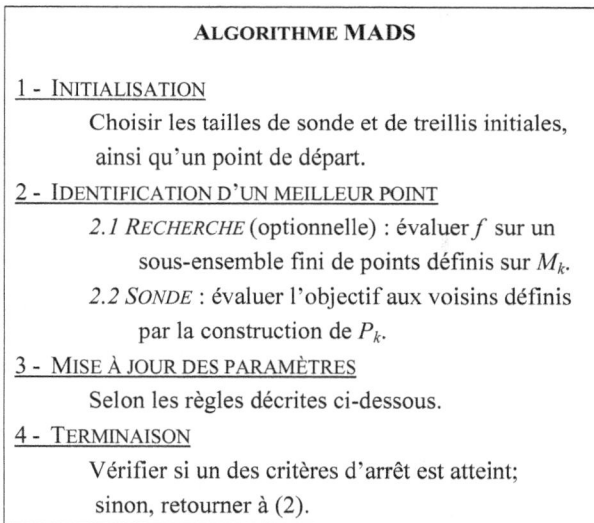

ALGORITHME MADS

1 - INITIALISATION
  Choisir les tailles de sonde et de treillis initiales,
  ainsi qu'un point de départ.

2 - IDENTIFICATION D'UN MEILLEUR POINT
  2.1 RECHERCHE (optionnelle) : évaluer f sur un
  sous-ensemble fini de points définis sur M_k.
  2.2 SONDE : évaluer l'objectif aux voisins définis
  par la construction de P_k.

3 - MISE À JOUR DES PARAMÈTRES
  Selon les règles décrites ci-dessous.

4 - TERMINAISON
  Vérifier si un des critères d'arrêt est atteint;
  sinon, retourner à (2).

Figure 8 - Algorithme MADS

A chaque itération, le maillage M_k est généralisé de la façon suivante :

$$M_k = \left\{ x \in S_k \right\} \cup \left\{ x + \Delta_k^m Dz \mid z \in N^{|D|} \right\}$$

avec S_k l'ensemble des points déjà évalués lors des itérations précédentes. L'initialisation, la recherche et la terminaison sont identiques à celles de GPS; elles

47

sont amplement décrites à la section 2.2.2. Pour les contraintes générales, il n'existe actuellement que l'approche de barrière (Audet et Dennis, 2004a).

Sonde

Cette étape constitue la différence majeure entre GPS et MADS. Pour ce dernier, les directions de sonde varient aléatoirement dans P_k; les résultats ne sont que « probablement » reproductibles. L'ensemble stochastique P_k est:

$$P_k = \left\{ x_k + \varDelta_k^m d \mid d \in D_k \right\} \subset M_k$$

avec $D_k \subset D$; dans cette instance spécialisée, on a $D = \left\{ \pm e_i, \ i = 1,2,...,n \right\}$. La définition des directions d doit respecter certaines propriétés :

- $d \neq 0$ est une combinaison entière et positive des colonnes de D :
$$d = Du, \quad u \in N^{|D|} \qquad (u \text{ est généré aléatoirement})$$

- la distance entre x_k et un point sondé $x_k + \varDelta_k^m d$ est bornée par
$$\left\| \varDelta_k^m d \right\|_\infty \leq \varDelta_k^p .$$

Tout comme GPS, l'algorithme évalue $f_\Omega (x \in P_k)$ en utilisant une stratégie opportuniste ou optimiste (voir section 2.2.2) pour choisir le nouveau x_k ou pour déclarer le x_k courant comme optimum local.

Mise à jour

En utilisant encore le paramètre $\tau > 1$, la redéfinition de $\varDelta_k^m$ et de $\varDelta_k^p$ se fait en fonction des résultats de la recherche ou de la sonde :

- - Si x_k est un optimum local, le treillis est contracté :
$$\varDelta_{k+1}^m = \varDelta_k^m (\tau)^v \quad (v < 0 \in Z, \text{ borné inférieurement})$$

- - Si x_k a été amélioré, le treillis est laissé tel quel ou agrandi :
$$\varDelta_{k+1}^m = \varDelta_k^m (\tau)^w \quad (w \in N, \text{ borné supérieurement}).$$

Ensuite, il faut assurer que $\varDelta_k^p < \varDelta_k^m$, en prenant par exemple $\varDelta_k^p = \sqrt{\varDelta_k^m}$. Ainsi :

$$\lim_{k \to \infty} \inf \varDelta_k^p = \lim_{k \to \infty} \inf \varDelta_k^m = 0 \ .$$

Les paramètres proposés par Audet et Dennis (2004a) sont : $\tau = 4$, $v = -1$ et $w = 1$. L'algorithme passe à l'étape de terminaison.

48

2.3.3 Comportement de l'algorithme

Tel que mentionné précédemment, la différence majeure entre GPS et MADS réside dans la définition de l'ensemble à sonder. Avec MADS, on utilise les points du P_k de GPS et on y ajoute des subdivisions de M_k (définies par Δ_k^p) :

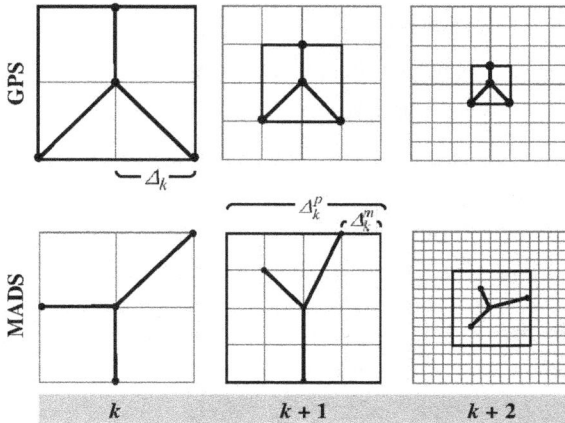

Figure 9 - Exemples de P_k

Sur la Figure 9, les cadres quadrillés sont les différents M_k, et les intersections sont les possibilités pour la construction de P_k. Pour GPS, c'est le motif qui est contracté ou dilaté à chaque itération, alors que pour MADS, le motif peut être n'importe quelle base positive, y compris les contractions et dilatations du motif actuel.

Le nombre de possibilités pour la construction de P_k est de l'ordre de $(\Delta_k^m)^{-n}$, pour une itération de MADS. Lorsque la taille du treillis diminue, le nombre de directions dans P_k explose. On affirme alors qu'à la convergence, M_k est dense : toutes les directions de R^n sont possibles avec probabilité de 1. A l'opposé, GPS ne peut explorer que $O(n)$ directions fixes, même lorsque $\Delta_k \to 0$. Les essais de Audet et Dennis (2004a) ont démontré que MADS est plus robuste que GPS.

2.3.4 Analyse de convergence

L'analyse de la convergence de MADS (Audet et Dennis, 2004a) se fera en reprenant les hypothèses fondamentales et les définitions énoncées dans l'analyse de la convergence de GPS (section 2.2.3). De plus, il sera toujours supposé que f est Lipschitz autour de $\hat{x}$, le point limite d'une sous-suite raffinante. Deux cas d'optimalité sont possibles :

- - solution à l'intérieur du domaine ou problème non contraint;
- - problème contraint et solution sur la frontière du domaine.

Les contraintes considérées sont sous la forme $g_i(x) \leq 0$. L'idée d'une condition d'optimalité est d'assurer qu'il n'existe pas de direction de descente possible. L'ensemble des directions de descente possibles s'appelle « cône » et est défini en fonction des contraintes sur le domaine (Rockafellar, 1980).

Définition 2.8 : Un vecteur $v \in R^n$ est dit hypertangent au domaine $\Omega \subset R^n$ au point $x \in \Omega$ s'il existe un scalaire $\varepsilon > 0$ tel que :

$$y + tw \in \Omega \quad \text{pour } \forall y \in \Omega \cap B_\varepsilon(x), \ \forall w \in B_\varepsilon(v) \text{ et } \forall \ 0 < t < \varepsilon,$$

où $B_\varepsilon(x)$ représente une boule de rayon ε centrée en x. L'ensemble $T_\Omega^H(x)$ des vecteurs tangents est appelé cône hypertangent en x.

Définition 2.9 : Un vecteur $v \in R^n$ est dit Clarke-tangent au domaine fermé $\Omega \subset R^n$ au point $x \in \Omega$ si pour toute séquence $\{y_k\} \in \Omega$ convergeant vers x et si pour toute séquence $\{t_k\} > 0 \in R$ convergeant vers 0, il existe une séquence de vecteurs $\{w_k\}$ convergeant vers v telle que $y_k + t_k w_k \in \Omega$.

L'ensemble $T_\Omega^{Cl}(x)$ des vecteurs Clarke-tangents est appelé cône de Clarke en x.

Définition 2.10 : Un vecteur $v \in R^n$ est dit contingent au domaine fermé $\Omega \subset R^n$ au point $x \in \Omega$ s'il existe une séquence $\{y_k\} \in \Omega$ convergeant vers x et s'il existe une séquence $\{\lambda_k\} > 0 \in R$ telle que $v = \lim_k \lambda_k(y_k - x)$.

L'ensemble $T_\Omega^B(x)$ des vecteurs contingents est appelé cône de Bouligand en x.

Un ensemble est dit « régulier » lorsque $T_\Omega^B(x) = T_\Omega^{Cl}(x)$; tout ensemble régulier est convexe (Clarke, 1990). Les cônes hypertangent et de Clarke sont convexes. Il est possible de démontrer (Rockafellar, 1980) que $T_\Omega^H(x) = \text{int}(T_\Omega^{Cl}(x))$ lorsque le cône hypertangent n'est pas vide. Finalement, on a toujours : $T_\Omega^H(x) \subseteq T_\Omega^{Cl}(x) \subseteq T_\Omega^B(x)$.

Les cônes hypertangent et de Clarke englobent une partie des directions possibles, mais en négligent beaucoup. Il n'y a que le cône de Bouligand qui inclut toutes les directions possibles dans la zone continue contiguë au point x. Ce cône apporte le maximum d'informations possible.

Le résultat de convergence de base obtenu par Audet et Dennis (2004a) permet de caractériser l'optimalité d'un point, en posant un minimum d'hypothèses sur la nature des fonctions et du domaine :

> **Théorème 2.11** : Si f est une fonction Lipschitz autour de $\hat{x} \in \Omega$ et que $T_\Omega^H(\hat{x}) \neq \phi$, alors $\hat{x}$ est Clarke-stationnaire. De plus, si Ω est régulier, alors $\hat{x}$ est Bouligand-stationnaire.

> **Corollaire 2.12** : Si f est une fonction Lipschitz autour de $\hat{x} \in \Omega$, si $T_\Omega^H(\hat{x}) \neq \phi$ et si f est strictement différentiable en $\hat{x}$, alors $\hat{x}$ est un point Clarke-KKT. De plus, si Ω est régulier, $\hat{x}$ est Bouligand-KKT.

> **Corollaire 2.13** : Si f est une fonction Lipschitz autour de $\hat{x} \in \Omega$ et si $\Omega = R^n$ ou $\hat{x} \in \text{int}(\Omega)$, alors $0 \in \partial f(\hat{x})$.

L'algorithme MADS est donc apte à générer des points stationnaires pour des problèmes non différentiables ou non convexes (théorème 2.11 et corollaire 2.12). Dans le cadre de l'optimisation d'un procédé chimique, où un point KKT est recherché, il est prouvé que l'algorithme trouve une solution satisfaisant certaines conditions d'optimalité; c'est ce que les résultats du chapitre 4 tendront à vérifier

CHAPITRE 3. LE PROCÉDÉ DE TRAITEMENT DES BRASQUES

3.1 Problématique des brasques

3.1.1 Fabrication de l'aluminium

L'aluminium (Al) est le troisième élément chimique en abondance sur la Terre, après l'oxygène et le silicium. Naturellement sous forme oxydée, il compose 7,3 % de l'écorce terrestre. C'est le deuxième métal le plus utilisé par l'homme (Breuer, 2000). Tous les procédés de fabrication sont séparables en trois étapes :

- extraction du minerai (bauxite)
- séparation de l'alumine (Al_2O_3), par le procédé de Bayer
- électrolyse de l'alumine (pour obtenir Al pure).

La dernière étape est très énergivore. Le procédé le plus performant inventé est celui de Hall-Héroult, en 1886. Ce procédé utilise des cuves de d'électrolyse :

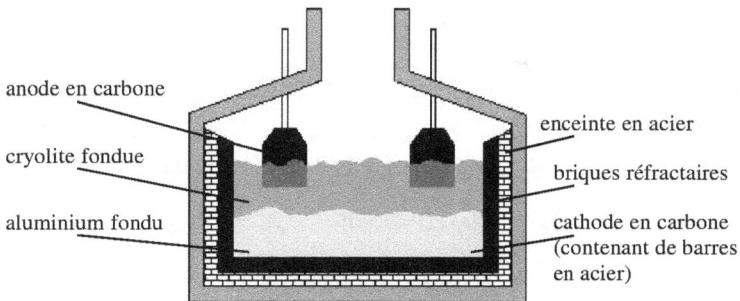

anode en carbone

cryolite fondue

aluminium fondu

enceinte en acier

briques réfractaires

cathode en carbone (contenant de barres en acier)

Figure 10 - Schéma d'une cuve d'électrolyse

Les réfractaires servent à isoler le bain de l'extérieur afin de limiter les pertes de chaleur et à réduire le coût énergétique associé. Les électrodes sont en carbone parce qu'il résiste à la corrosion. Il protège les barres d'acier et conduit bien l'électricité. L'anode est consommée au cours de la réduction de l'aluminium en 20 à 30 jours. La cathode a une durée de vie entre 5 et 8 ans (Breuer, 2000).

L'aluminium fond à 2 040 °C. Dans la cuve, on utilise un mélange composé de 18,5% d'aluminium et de 81,5% de cryolite. Ce mélange possède un point eutectique à 964 °C, une température de procédé plus économique que celle de l'aluminium fondu. Pour améliorer le rendement de l'électrolyse, plusieurs additifs sont ajoutés : AlF_3, NaF, NaOH, CaF_2, Li_2CO_3, MgO (Courbariaux *et al.*, 2004a).

Les réactions se déroulant dans la cuve sont très complexes et mal connues. Par contre, une réaction globale a lieu (Breuer, 2000) :

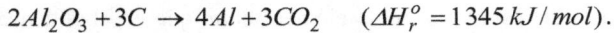

$$2Al_2O_3 + 3C \rightarrow 4Al + 3CO_2 \quad (\Delta H_r^o = 1345\, kJ/mol).$$

La production de 1 kg d'aluminium pur requiert environ 560 kJ (Breuer, 2000). Deux réactions secondaires ont lieu dans la cuve; elles concernent la formation de cryolite :

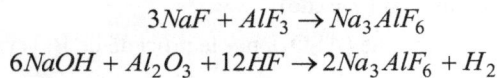

$$3NaF + AlF_3 \rightarrow Na_3AlF_6$$
$$6NaOH + Al_2O_3 + 12HF \rightarrow 2Na_3AlF_6 + H_2$$

L'aluminium (2700 kg/m^3) est plus dense que le mélange eutectique (2150 kg/m^3); il s'accumule au fond de la cuve. Il est périodiquement siphonné. Le procédé de Hall-Héroult est de type semi-continu.

3.1.2 Caractéristiques des brasques

Le Québec représente 90% de la production canadienne d'aluminium, et 34 % de la production nord-américaine (Courbariaux *et al.*, 2004a). Cette province est très concernée par les problèmes environnementaux liés à cette industrie.

Tout au long de sa vie, la cathode en carbone est lentement dégradée :

- réaction avec l'azote de l'air : $2Na + 2C + N_2 \rightarrow 2NaCN$
- les hautes températures dans la cathode et la présence de H_2 dans la cuve mènent à la formation de CH_4 et de HAP
- les infiltrations de Al, Na_3AlF_6, CaF_2 et Al_2O_3 provoquent une cristallisation et une fragmentation de la cathode.

Périodiquement, il est nécessaire de retirer la cathode usée. Par commodité, la cuve est détruite et concassée; ainsi le réfractaire reste collé à la cathode usée. Ce déchet solide est appelé « brasque » (*spent potliner*) (Courbariaux *et al.*, 2004b); le Tableau 2 en montre une composition typique.

Tableau 2 - Composition typique des brasques

Composé	Fraction massique
H_2O	0.020
C	0.160
CH_4, H_2 et HAP	0.074
Al_2O_3	0.053
SiO_2	0.419
NaF et Na_3AlF_6	0.273
NaCN	0.0007

On estime que la production d'une tonne d'aluminium entraîne la génération de 10 à 30 kg de brasques (Courbariaux *et al.*, 2004b). Au Québec seulement, 50 000 tonnes de brasques sont produites annuellement et leur composition varie beaucoup.

Lorsque ce déchet entre en contact avec l'eau, il y a formation de NH_3, CH_4 et H_2; en cas de mauvaise ventilation, ce mélange peut exploser. Si ce déchet est entreposé à l'extérieur et qu'il reçoit de la pluie, il y a lixiviation des ions F^- et CN^-, hautement toxiques pour l'écosystème. Les brasques sont considérées comme déchet dangereux. Depuis 1998, il est strictement interdit de les enfouir sans traitement adéquat.

3.1.3 Traitements et législations

Actuellement, il y aurait plus de 500 000 tonnes de brasques entreposées au Québec, en attente d'un traitement (Courbariaux *et al.*, 2004a). En 1993, on estimait le coût du traitement d'une tonne de brasque à environ 800 $US. Plusieurs procédés ont été conçus, sans résultats probants. Ils sont classés en trois catégories dans le Tableau 3.

Les procédés à basses et hautes températures demandent des investissements importants et leurs coûts d'opération sont élevés (utilisation de matières premières et/ou d'énergie). De plus, CN- et F- sont mélangés, causant des difficultés techniques supplémentaires et limitant les possibilités d'adaptation et d'optimisation du procédé.

Tableau 3 - Catégories des procédés de traitement des brasques

Température	Caractéristiques
Basse	Lixiviation totale de CN⁻ et partielle de F⁻. Demandent de longs temps de séjour, des unités de grandes dimensions, d'énormes quantités d'eau, et des conditions très difficiles pour l'oxydation.
Moyenne	Combustion totale (oxydation) de CN⁻. Le F⁻ n'est pas affecté, mais il demeure facile à lixivier. Evite le mélange aqueux de CN⁻ et de F⁻.
Haute	Vitrification des brasques. Le CN⁻ est oxydé, le F⁻ est vaporisé en HF ou bien stocké dans la matrice de verre, après refroidissement du bain liquide. Les gaz sont corrosifs et de grandes quantités d'énergie et de sable sont requises.

D'après Courbariaux *et al.* (2004c), les caractéristiques idéales d'un procédé de traitement des brasques sont un traitement séparé de CN⁻ et F⁻ pour assurer une grande flexibilité (la composition des brasques est très variable), l'utilisation de technologies simples et reconnues (combustion, lixiviation) et l'utilisation de sources scientifiques provenant de la littérature ouverte.

Au Québec et aux Etats-Unis, la norme à respecter pour le CN⁻ est de 0,2 ppm. Au Québec, la norme pour le F⁻ est de 150 ppm, autant pour les rejets liquides que pour les solides lixiviables selon le standard TCLP[1]. Aux Etats-Unis, la norme était de 48 ppm en 1998; elle a été diminuée à 2 ppm, mais aussitôt retirée. Depuis, aucune nouvelle norme n'a été émise[2].

---

[1] *Toxic Characteristic Leaching Procedure.* Ce test exige d'ajouter aux solides 20 fois le volume du liquide qu'ils contiennent. La norme s'applique sur le liquide dilué ainsi obtenu.

[2] Selon l'EPA (*Environmental Protection Agency*) aux Etats-Unis, la norme est fixée selon le principe de BDAT (*Best Demonstrated Available Technology*) : la performance de la meilleure technologie disponible devient la norme à respecter. Pour les F⁻, la norme de 2 ppm a été établie par un procédé déclaré BDAT, mais qui s'est rapidement montré inefficient, donc déclassé BDAT. Depuis, aucun procédé n'a été certifié BDAT par l'EPA, d'où l'absence de norme.

3.2 Conception du procédé étudié

3.2.1 Aperçu général

Le procédé consiste à oxyder le CN^- pour le réduire totalement en CO_2 et NO_x. Il faut ensuite provoquer une réaction avec le F^-; il n'existe pas d'autres solutions que de capturer les ions F^- et de les immobiliser sous une forme non lixiviable. Le Tableau 4 résume les étapes principales du procédé.

Tableau 4 - Etapes du procédé

Etapes	Description
1) Incinération des brasques	Dans un lit fluidisé circulant, à 800 °C, les brasques sont séchées, dévolatilisées et en partie brûlées.
2) Lixiviation de F^-	Transfert des ions F^- à partir des brasques (solides) vers l'eau (liquide). Utilisation d'une grande proportion d'eau recyclée pour les lavages successifs à contrecourant.
3) Précipitation de F^-	Capture des ions F^- aqueux par Ca^{++}, pour former un sel insoluble CaF_2. Séparation solide-liquide aisée par filtration.
4) Traitement des eaux	Etape optionnelle dans le but de respecter les normes environnementales locales. La version présentée satisfait les normes québécoises.

La modélisation et la validation du procédé étaient les objectifs de Courbariaux *et al.* (2004d). La simulation a été effectuée à l'aide du logiciel Aspen. Ce dernier possède une vaste librairie thermodynamique et a prouvé qu'il permettait une modélisation efficiente des phénomènes observés (Courbariaux *et al.*, 2004d).

Le procédé a été légèrement modifié en vue de son optimisation; son diagramme d'écoulement final figure sur la page suivante (Figure 11). On y distingue les étapes mentionnées dans le Tableau 4. Les unités de lixiviation (LEACH-#) sont des blocs SWASH. Toutes les séparations solide-liquide (FILTRE-#) sont effectuées à l'aide de blocs FILTER. Les étapes de précipitation (PRECIP-#) sont modélisées par des blocs MIXER. La modélisation de l'incinérateur sera expliquée à la section 3.2.2.

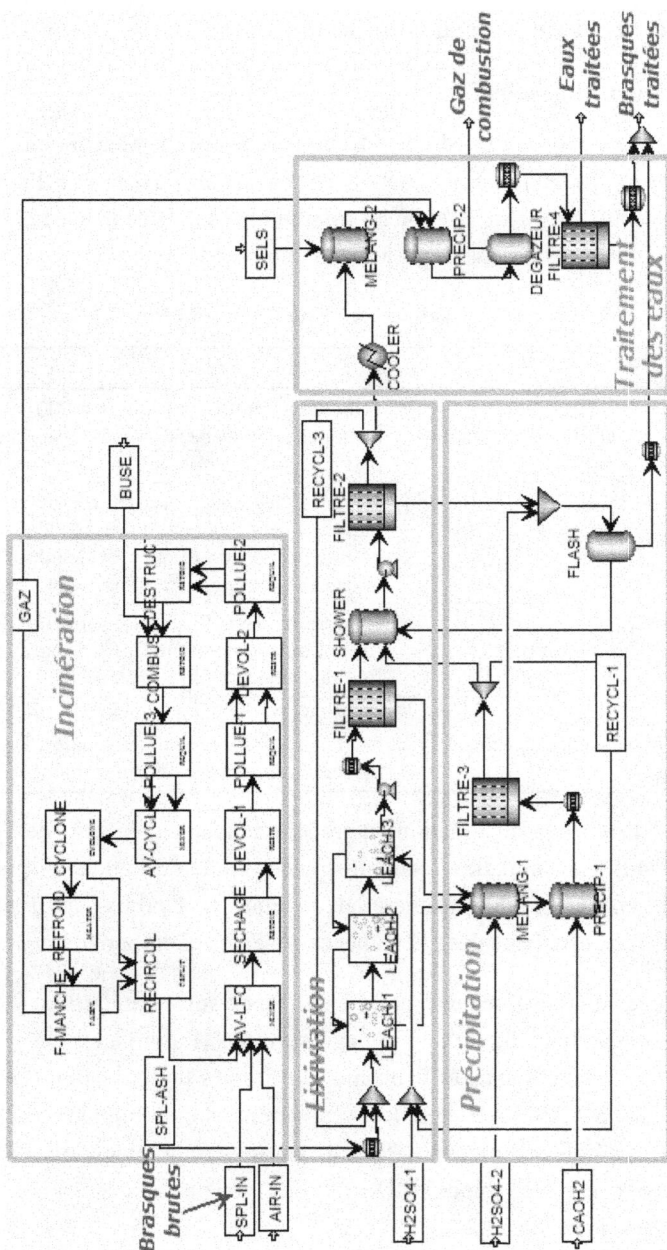

Figure 11 - Diagramme d'écoulement du procédé

3.2.2 Incinération des brasques

Le but premier de cette étape est la destruction totale du CN⁻. Afin de concevoir et d'optimiser le procédé, il est essentiel de connaître les phénomènes et leurs cinétiques à l'intérieur du lit fluidisé. Courbariaux *et al.* (2004a) ont déterminé que la cinétique de destruction du CN- est (T en K) :

$$\frac{C}{C_o} = 1.26 \times 10^{15} \exp\left(\frac{-37530(t)}{T}\right).$$

D'après Courbariaux *et al.* (2004a), un temps de résidence d'environ 15 s suffit pour obtenir une destruction totale du CN⁻. Cette destruction est beaucoup plus rapide que la réaction d'oxydation du carbone.

Pour être économique, l'incinérateur doit être énergétiquement autosuffisant. Afin d'exploiter la source d'énergie contenue dans les brasques (H_2, CH_4, HAP, C), une analyse thermogravimétrique a été réalisée par Courbariaux *et al.* (2004b); elle permet de déterminer le temps de résidence idéal. La Figure 12en présente les résultats s'appliquant à la combustion des brasques. Les courbes sur la Figure 12 sont tracées à l'aide des expressions des cinétiques présentées dans le Tableau 5.

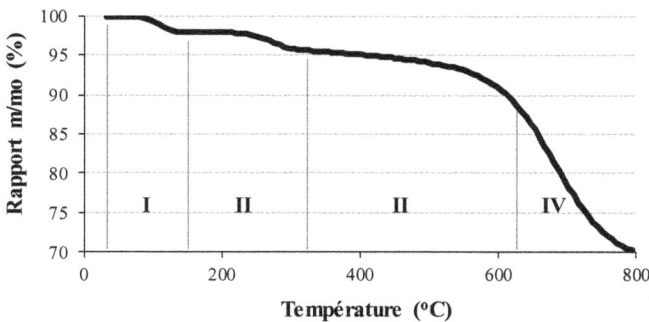

Figure 12 - Thermogramme des brasques

Pour des particules de diamètre inférieur à 250 μm, Courbariaux *et al.* (2004b) ont constaté que la diffusion interparticulaire et la couche limite n'offraient pas de résistance significative au transfert de chaleur et de matière. Le modèle réactionnel présenté dans le Tableau 5 est une adaptation du modèle plus complexe développé par Courbariaux *et al.* (2004b). Le but est de respecter l'approche classique de la littérature, qui est celle utilisée par Aspen.

Tableau 5 - Cinétiques de l'incinération des brasques

Zone	Température	Description
I	50-150	**Séchage** Diminution de 2,1% de la masse attribuée à l'évaporation de l'eau : $$\frac{d(m/m_o)}{dt} = 2.27 \times 10^{13} \exp\left(\frac{-12630}{T}\right)\left(\frac{m}{m_o}\right)^{1.75}$$
II	150-320	**Première dévolatilisation** Diminution de 3,5% de la masse attribuée à la volatilisation du CH_4 et du H_2 : $$\frac{d(m/m_o)}{dt} = 2860 \exp\left(\frac{-10945}{T}\right)\left(\frac{m}{m_o}\right)^{1.62}$$
III	320-630	**Deuxième dévolatilisation** Cokéfaction. Diminution de 4% de la masse attribuée à la volatilisation du CH_4, du H_2 et des HAP : $$\frac{d(m/m_o)}{dt} = 7.77 \times 10^{18} \exp\left(\frac{-45105}{T}\right)\left(\frac{m}{m_o}\right)$$
IV	630-800	**Combustion** Oxydation du carbone (graphite) en fonction de la quantité d'air alimentée : $$\frac{d(m/m_o)}{dt} = 5.12 \times 10^{-9} \exp\left(\frac{-10224}{T}\right)\left(\frac{m}{m_o}\right)^{1.96}$$

La modélisation du lit fluidisé circulant avec Aspen est réalisée selon la technique expliquée dans l'article de Sotudeh-Gharebaagh *et al.* (1998). Cette modélisation[1] tient compte de la formation de NO, NO_2, N_2O et de CO.

3.2.3 Lixiviation des fluorures

Le but de cette étape est d'extraire les ions F^- des brasques, et de les mettre en phase aqueuse pour en faciliter le traitement. Les réactions étudiées sont :

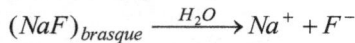

$$(NaF)_{brasque} \xrightarrow{H_2O} Na^+ + F^-$$

$$(F^-)_{liquide} \longleftrightarrow (F^-)_{adsorbé}$$

---

[1] L'idée est de diviser le réacteur en plusieurs sections et ensuite de les modéliser à l'aide d'Aspen. Les cinétiques présentées sont implantées dans des blocs RCSTR (réactions gaz-solide). A chaque section de température différente est associé un bloc REQUIL (formation de NO_x, *CO* et combustion partielle du carbone). Un bloc CYCLONE et un bloc FABFL (filtre à manche) assurent la séparation gaz-solide. L'annexe II contient un agrandissement du « *flowsheet* » du lit fluidisé.

L'équilibre entre F⁻ adsorbé et en phase aqueuse est modélisé par une isotherme de Langmuir, dont les paramètres (Tableau 6) ont été obtenus par Courbariaux *et al.* (2004c). L'adsorption est facilitée par la présence de SO_4^{--}. Selon les résultats, ces ions semblent activer des sites dans les pores des particules de cryolite.

$$(F^-)_{adsorb\acute{e}} = \frac{W_{max} K_c (F^-)_{liquide}}{1 + K_c (F^-)_{liquide}}$$

Tableau 6 - Paramètres des isothermes de Langmuir

	Eau pure	Solution de 120 g/l Na_2SO_4
W_{max} (g/g)	0.095	0.045
K_c (l/g)	0.097	1.5

Sur la Figure 13, les courbes tracées en gras correspondent aux prédictions à l'aide des paramètres dans le Tableau 6 (Courbariaux *et al.*, 2004c); le Na_2SO_4 a été utilisé parce que c'est un sel très soluble qui libère des SO_4^{--}.

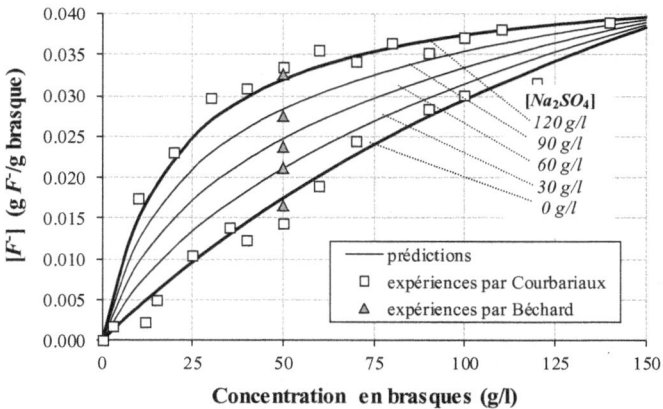

Figure 13 - Equilibre adsorption-désorption du F⁻

Parce que la concentration en SO_4^{--} est appelée à changer si une modification est apportée au procédé, il est essentiel de pourvoir prédire les isothermes à d'autres concentrations de SO_4^{--}. Sur la Figure 13, les courbes fines correspondent à des interpolations linéaires entre les courbes (en gras) de Courbariaux *et al* (2004c). De nouvelles expériences réalisées dans le cadre de ce travail ont permis de

61

valider les courbes interpolées. Les isothermes peuvent alors être déduites à partir du Tableau 6 et à l'aide d'une interpolation linéaire sur la concentration en SO_4^-.

Les études de Courbariaux *et al.* (2004c) ont permis de conclure que la taille des particules n'avait pas d'influence sur la concentration finale en F-, mais que l'équilibre était atteint plus rapidement pour les petites particules (effets de la diffusion interne). La température idéale est de 25 °C et un pH entre 3,5 et 5,5 facilite la lixiviation. L'agitation doit suffire à empêcher la sédimentation.

3.2.4 Précipitation des fluorures

Le but de cette étape est de capturer les ions F- aqueux et de les immobiliser dans un sel insoluble. Pour ce faire, de la chaux ($Ca(OH)_2$) est utilisée :

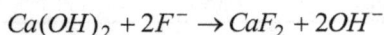

$$Ca(OH)_2 + 2F^- \rightarrow CaF_2 + 2OH^-$$

Cette réaction tend à rendre la solution basique. Pour maintenir le pH d'environ de 5, de l'acide sulfurique est ajouté. Une réaction de compétition apparaît :

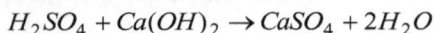

$$H_2SO_4 + Ca(OH)_2 \rightarrow CaSO_4 + 2H_2O$$

Une analyse basée sur la solubilité des sels en présence (Tableau 7) permet de tracer le graphique de la Figure 14, mettant en évidence la contradiction entre les deux exigences : minimiser la concentration en F- et la précipitation de $CaSO_4$.

Il faut favoriser la production de CaF_2 et minimiser la précipitation de $CaSO_4$ pour diminuer le travail de séparation et pour réduire le tonnage à enfouir. Pour la version du procédé avec traitement des eaux, tout le $CaSO_4$ sera éliminé lors de la prochaine étape. Le $CaSO_4$ est assez soluble pour possiblement dépasser les normes sur le SO_4^-.

Tableau 7 - K_{ps} des sels de calcium

Sel	K_{ps}
$CaSO_4$	$2.39 \times 10_{-5}$
$Ca(OH)_2$	4.68×10^{-6}
CaF_2	3.95×10^{-9}

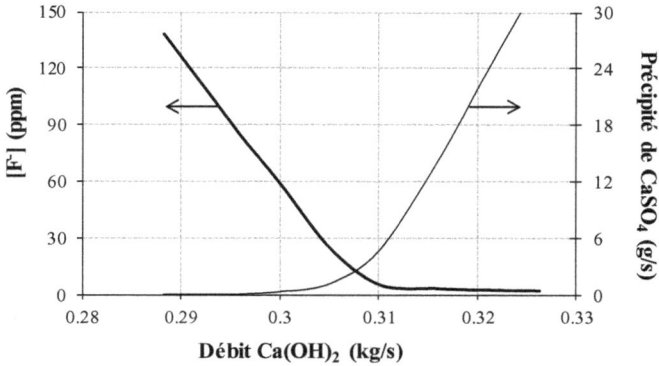

Figure 14 - Précipitation du F⁻

3.2.5 Traitement des eaux

Le principal problème est la surcharge en ions SO_4^{--}. Ces ions proviennent directement de l'ajout de H_2SO_4 lors des étapes de lixiviation et de précipitation. La grande solubilité du Na_2SO_4 et du $CaSO_4$ oblige une réduction de la charge en sulfate avant le rejet dans les égouts municipaux.

L'utilisation de $Ba(OH)_2$ dans la solution acidifiée par les gaz de combustion (courant GAZ de la Figure 11) provoque la précipitation de plusieurs sels. Afin de stabiliser le pH, l'ajout de H_2SO_4 est requis. Principales réactions intervenant :

$$CO_2 + H_2O \rightarrow 2H^+ + CO_3^{--}$$

$$Ba(OH)_2 + CO_3^{--} \rightarrow BaCO_3 + 2OH^-$$

$$Ba(OH)_2 + SO_4^{--} \rightarrow BaSO_4 + 2OH^-$$

Une analyse basée sur la solubilité des sels (Tableau 8) en fonction du pH et du débit de baryum est résumée sur la Figure 15.

Tableau 8 - K_{ps} des sels de baryum

Sel	Kps
$Ba(OH)_2$	$5.0x10^{-3}$
$BaCO_3$	$2.6x10^{-9}$
$BaSO_4$	$1.08x10^{-10}$

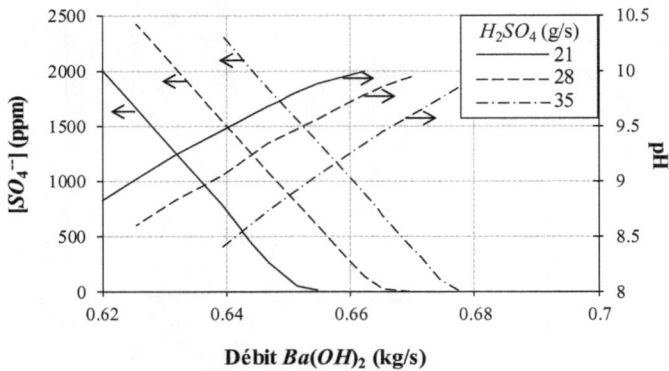

Figure 15 - Précipitation du SO₄⁻

Plus la fraction de SO4⁻ est faible, plus le pH est élevé. Il faut trouver un compromis entre la charge finale en sulfate et le pH. Généralement, le respect (avec une certaine marge de manœuvre) de la norme environnementale sur les sulfates sera le compromis le plus économique, car le baryum est dispendieux.

3.3 Opération du procédé

3.3.1 Conditions de simulation

L'objectif est de pouvoir traiter 62 500 t/an de brasques, soit 25% de plus que la production annuelle moyenne, afin d'éliminer progressivement les surplus de brasques accumulé depuis dix ans (500 000 tonnes). Ce débit correspond à 7 360 kg/h. L'augmentation régulière de la production d'aluminium, le besoin d'une marge de manœuvre et le surplus de brasques à traiter justifient ce choix.

Pour établir le point d'opération de l'incinérateur, des simulations successives ont permis d'analyser le bilan de chaleur (Figure 16). On désire contrôler la température à l'aide du débit d'air alimenté. Il faut que la quantité de chaleur générée soit suffisante pour compenser 15% de pertes thermiques supposées (conduction et radiation).

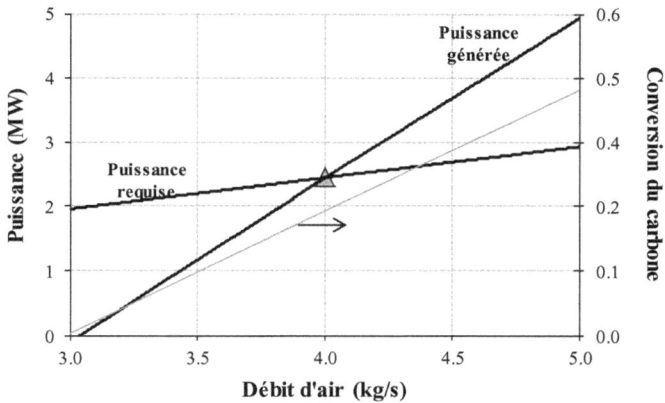

Figure 16 - Bilan de chaleur autour de l'incinérateur

Un débit d'air de 4 kg/s permet à l'incinérateur d'être autosuffisant. Ce point d'opération correspond à la combustion de 24% du carbone contenu dans les brasques, en plus de la combustion totale de H_2, CH_4 et HAP. La modélisation avec Aspen a permis d'estimer le volume total du lit fluidisé à 1.8 m^3 (volumes additionnés des blocs RCSTR et de la zone de dégagement). Le temps de séjour prédit est de 98 s.

Le nombre d'unités de lixiviation (lavages à contre-courant) a été déterminé par Courbariaux *et al.* (2004c). Les résultats sont résumés sur la Figure 17 : des simulations ont été comparées avec des essais en laboratoire.

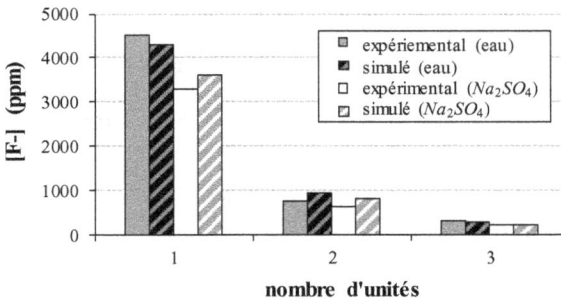

Figure 17 - Nombre d'unités de lixiviation

65

Ils ont conclu que trois unités suffisaient, le faible rendement des unités supplémentaires ne justifiant pas l'investissement supplémentaire. Les particules sont facilement séparables par filtration. Sur la Figure 11, le courant RECYCL-3 compte pour 75% de la sortie liquide de FILTRE-2.

Afin de maximiser le recyclage de l'eau, le point d'opération choisi pour l'étape de précipitation permet d'éviter la précipitation du $CaSO_4$. Il est ainsi possible de réutiliser 75% (courant RECYCL-3) de la sortie liquide de FILTRE-3. L'unité FLASH sert à séparer 90% de l'eau contenue dans les déchets solides; c'est une unité très énergivore.

3.3.2 Quelques résultats

Le Tableau 9 résume les débits de matières utilisées par le procédé. Ces substances sont réparties dans les courants entrants sur la Figure 11.

Tableau 9 - Utilisation de matières premières

	Débit (kg/h)
Air	14 400
Eau	31 500
H_2SO_4	1 497
$Ca(OH)_2$	1 051
$Ba(OH)_2$	3 100

La composition des brasques obtenues par le procédé de traitement est présentée dans le Tableau 10. Il est à noter que la masse totale des brasques a été réduite de 27%, à cause du séchage, de la combustion de H_2, CH_4 et HAP, et de 24% du C.

Tableau 10 - Composition des brasques traitées

	Fraction massique
Al_2O_3	0.074
SiO_2	0.585
C	0.169
$NaF + Na_3AlF_6$	0.172
Débit :	**5 380 kg/h**

66

Les déchets solides générés par le procédé sont des sels prêts à être enfouis (Tableau 11). Dans les conditions actuelles, il y a presque autant de sels à enfouir que de brasques traitées, sur une base massique.

Tableau 11 - Sels générés

	Débit (kg/h)
CaF_2	1 039
$CaCO_3$	88
$BaCO_3$	550
$BaSO_4$	3 433

La validation du procédé repose sur le respect des normes environnementales. Le Québec a été retenu comme localisation. Le Tableau 12 permet de comparer les critères du Ministère de l'environnement du Québec avec les résultats de la simulation.

Tableau 12 - Contraintes environnementales (1)

	Critère du MENV[1]	Résultat
Rejets gazeux		
CO	8 ppm (24 h)	1.4 ppb
NO_2	200 ppm (24 h)	11 ppm
$PM_{2.5}$	30 ppm (24 h)	0
Rejets liquides		
F^-	150 ppm	64 ppm
SO_4^{--}	1500 ppm	284 ppm
Ba^{++}	100 ppm	0.38 ppm
Ca^{++}	8 ppm	0.21 ppm
NO_3^-	10 ppm	0.03 ppm
pH	6.5 à 8.5	8.5
Rejets solides		
F^- lixiviable[2]	150 ppm	112 ppm

---

[1] Ministère de l'Environnement du Québec (dernière révision : juin 2004)
[2] Selon le standard TCLP.

Le procédé présenté permet donc de respecter toutes les normes environnementales. L'investissement est estimé entre 25 et 30 M\$ (Courbariaux *et al.,* 2004d). Le but premier, traiter les brasques, est atteint. Le recyclage de l'eau a été maximisé, limitant la grande demande en eau potable. Le traitement séparé des CN^- et des F^- permet une grande souplesse par rapport à la composition variable des brasques. Finalement, grâce aux travaux de Courbariaux *et al.* (2004a-d), des données scientifiques ouvertes sont disponibles.

CHAPITRE 4. OPTIMISATION DU PROCÉDÉ

Dans cette section seront présentés la formulation du problème d'optimisation (avec 7 variables de décision et 4 contraintes non linéaires), les résultats numériques et une analyse de la solution produite.

4.1 Formulation du problème

4.1.1 Variables de décision

Pour pouvoir traiter tous les types de brasque avec les mêmes installations, les variables de décision ne doivent concerner que les entrées du procédé, soit les matières premières utilisées. Les paramètres des opérations unitaires et les conditions d'opération ne doivent pas être modifiés; ils ont déjà été spécifiés et/ou modifiés dans les travaux de Courbariaux *et al.* (2004a-d) et dans le chapitre 3.

L'opération de l'incinérateur ne dépend que de la composition des brasques et peut être séparée du reste du procédé. Il n'y a que le débit d'air à ajuster en fonction du Tableau 10. Pour un temps de séjour donné, le peu d'influence sur le résultat permet de considérer cette unité comme un invariant du problème. L'importance des autres entrées du procédé est résumée dans le Tableau 13.

Tableau 13 - Impact des entrées du procédé

Courant	Impact
H2SO4-1	Peu d'influence, débit très faible.
H2SO4-2	Influence directe sur le pH et sur la concentration en sulfates.
CAOH2	Influence directe sur le pH et sur la capture des ions F⁻.
SELS	Essentiel au traitement des eaux.

Le vecteur x, le point d'opération autour duquel on désire évaluer le procédé, est :

x_1 : Débit d'eau (courant CAOH2)

x_2 : Débit de $Ca(OH)_2$ (courant CAOH2)

x_3 : Débit d'eau (courant H2SO4-2)

x_4 : Débit de H_2SO_4 (courant H2SO4-2)

x_5 : Débit d'eau (courant SELS)

x_6 : Débit de $Ba(OH)_2$ (courant SELS)

x_7 : Débit de H_2SO_4 (courant SELS)

Le point initial x_0, d'après Courabariaux *et al.* (2004d), est :

$$x_0 = (7\,000,\ 1\,051,\ 7\,000,\ 1\,454,\ 15\,000,\ 3\,100,\ 50)$$

Tous les débits sont en kg/h. L'utilisation de bornes permet de réduire le domaine de recherche et d'éviter l'évaluation de solutions techniquement peu probables. Les vecteurs de bornes inférieures l et de bornes supérieures u sont :

$$l = (2\,000,\quad 500,\ 2\,000,\quad 500,\quad 5\,000,\ 1\,000,\quad 0)$$
$$u = (9\,000,\ 2\,000,\ 9\,000,\ 2\,000,\ 15\,000,\ 4\,000,\ 100)$$

Les bornes supérieures ont été établies à la lumière de quelques simulations. Les bornes inférieures pourraient être toutes 0, mais il est préférable de les fixer à un seuil plus élevé pour limiter l'espace de recherche. Si une des bornes est atteinte lors de l'optimisation, elle sera révisée.

4.1.2 Contraintes générales

La décision concernant la réalisabilité mathématique d'une solution est basée sur la conformité du procédé. Le procédé est déclaré conforme (ou valide) s'il respecte les normes environnementales. Une contrainte implicite apparaît déjà : la simulation du procédé elle-même.

Certaines contraintes environnementales sont prioritaires. Ce sont elles seules qui seront considérées lors de la résolution. Une analyse plus fine de la solution finale permettra de vérifier exhaustivement la conformité du procédé. Il est nécessaire d'obtenir les vecteurs $m(x)$ et $y(x)$. Ces variables intermédiaires doivent être extraites des résultats de la simulation par Aspen :

m_1 :   Débit d'eau (courant LANDFILL)
m_2 :   Débit de F^- (courant LANDFILL)
m_3 :   Débit total de solides à enfouir

y_1 :   Fraction massique d'eau (courant LANDFILL)
y_2 :   Fraction massique de F^- (courant H2O-OUT)
y_3 :   Fraction massique de SO_4^{--} (courant H2O-OUT)
y_4 :   Fraction massique d'eau (courant H2O-OUT)
y_5 :   Fraction massique de H_3O^+ (courant H2O-OUT)
y_6 :   Fraction massique de OH^- (courant H2O-OUT)

Les contraintes dans le Tableau 14 sont exprimées sous la forme $g_i(x) \leq a_i$ pour $i \in \{1, 2, 3, 4\}$; elles présentent des ordres de grandeur différents. Il est préférable de les normaliser :

$$\frac{g_i(x) - a_i}{a_i} \leq 0$$

Tableau 14 - Formulation des contraintes

i	Norme	$g_i(x)$	a_i
1	F⁻ lixiviable	Procédure TCLP, basée sur un bilan de matière et sur l'isotherme de Langmuir. Les détails figurent en annexe III.	$1.5x10^{-4}$
2	pH	$(y_6(x) + y_5(x))/y_4(x)$	$1.8\,x10^{-5}$
3	SO₄⁻⁻	$y_3(x)/y_4(x)$	$1.5\,x10^{-3}$
4	F⁻	$y_2(x)/y_4(x)$	$1.5\,x10^{-4}$

4.1.3 Fonction objectif

Le but visé est la réduction des coûts d'opération. Puisque l'incinérateur est autosuffisant et que l'air est une ressource gratuite, il ne sera pas considéré. Le reste du procédé dépend assez directement du vecteur x (puissance de pompage, entretien, maintenance, etc.). La formulation de l'objectif est :

$$f(x) = (c^T x + pm_3(x))\,/\,SPL$$

avec c le coût des matières premières, p le coût lié à l'enfouissement et m_3 le débit de solides à enfouir. Le terme SPL est le débit de brasques fraîches à traiter (7,36 t/h, dans ce travail). Les différents coûts sont résumés dans le Tableau 15. La variable $f(x)$ est en \$/t de brasques à traiter. Le vecteur c (en \$/kg), construit à l'aide du Tableau 15, est donc :

$$c = (0.25, \ 75, \ 0.25, \ 65, \ 0.25, \ 460, \ 65)\,/\,1\,000 \ .$$

La réduction des coûts d'opération passe par la réduction du coût des matières premières. Cette diminution aura comme conséquence de réduire le volume de solides à enfouir, dont le coût n'est pas négligeable.

Tableau 15 - Coût des ressources

Ressource	Coût ($/t)
Eau [1]	0.25
H2SO4 [2]	65
Ca(OH)2 [2]	75
Ba(OH)2 [2]	460[3]
Enfouissement [1]	30

La fonction objectif dépend à la fois des entrées du procédé et des variables intermédiaires $m(x)$ et $y(x)$ produites par Aspen. La difficulté d'évaluation de l'objectif réside dans l'utilisation de Aspen, qui requiert de 3 à 5 minutes pour une simulation.

4.1.4 Schéma de résolution

L'idée est d'utiliser un logiciel déjà existant (la « boîte noire ») et de le coupler à NOMAD. Il ne reste qu'à programmer une interface pour assurer la communication entre les « langages » différents des deux logiciels, tâche en générale très facile.

Les algorithmes GPS et MADS sont implantés dans le logiciel NOMAD[4]. Le simulateur de procédé choisi est Aspen[5], mais tout autre simulateur pourrait être employé. Les rôles, décisions et flots d'informations sont schématisés sur la Figure 18, qui précise les éléments de la Figure 4.

---

[1] Coût moyen au Québec.

[2] Selon le *Chemical Market Reporter*.

[3] Suite à une conversation téléphonique avec un fournisseur potentiel dans l'Illinois, il serait possible de négocier un prix jusqu'à environ 250 $/t, en raison de l'importante consommation annuelle.

[4] Disponible (GNU General Public License) à l'adresse : www.gerad.ca/NOMAD/

[5] Informations à l'adresse : www.aspentech.com

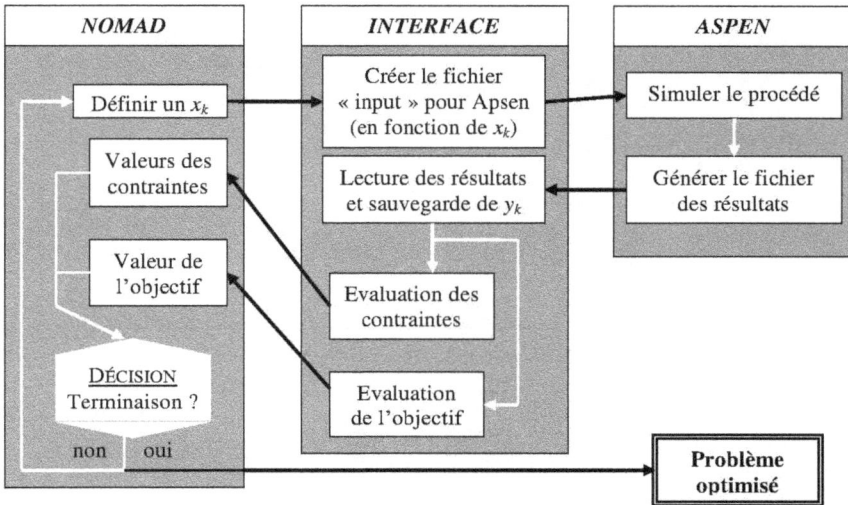

Figure 18 - Schéma de résolution

4.2 Différentes stratégies et résultats

4.2.1 Déplacements absolus

Ne possédant initialement aucune connaissance du problème, la première stratégie à employer est de soumettre à NOMAD les vecteurs l, x_0 et u tels qu'explicités à la section 4.1.1. La taille du treillis définit des déplacements de grandeurs égales pour toutes les composantes de x : NOMAD et Aspen utilisent les variables en kg/h. Les résultats sont présentés sur la Figure 19.

L'algorithme GPS a été lancé à partir de trois points différents et n'a jamais réussi à produire un résultat comparable à celui de MADS. Pour chaque essai, GPS a difficilement trouvé des directions de descente. La tolérance sur la taille du treillis a rapidement été rencontrée, causant l'arrêt prématuré de l'algorithme.

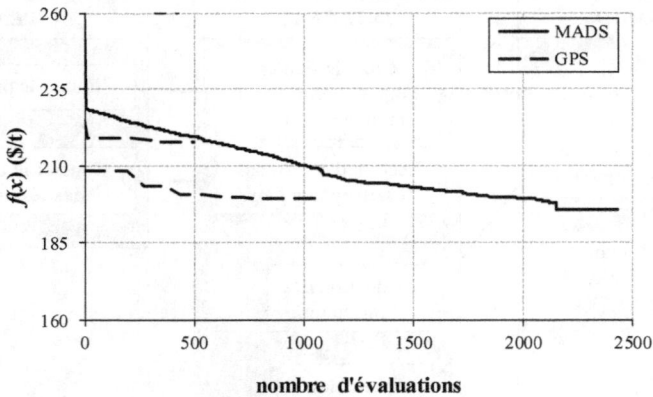

Figure 19 - Résultats pour les déplacements absolus

4.2.2 Déplacements relatifs

Les ordres de grandeur des composantes de x_0 diffèrent d'au moins 103. Par exemple, un déplacement de 2 sur x_7 ne représente pas la même proportion que 2 sur x_5. Cet exemple illustre une lacune de la stratégie « déplacement absolu ». En définissant un déplacement relatif entre les bornes (aussi appelé « mise à l'échelle ») :

$$x_i' = \frac{x_i - l_i}{u_i - l_i}$$
$$l_i' = 0$$
$$u_i' = 1$$

les variables à l'intérieur de NOMAD ne varient qu'entre 0 et 1. Elles représentent des déplacements proportionnels pour toutes les composantes de x. C'est l'interface qui assure la transformation entre x et x'. Les résultats sont présentés sur la Figure 20.

A nouveau, l'algorithme GPS s'est révélé moins efficace que MADS. Il ne sera plus utilisé pour les futures stratégies. L'algorithme MADS montre une excellente performance, supérieure à celle de la stratégie précédente.

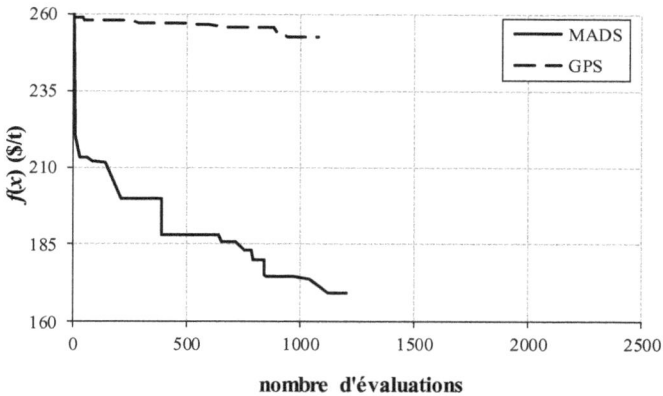

Figure 20 - Résultats pour les déplacements relatifs

4.2.3 Recherche par hypercube latin

Cette stratégie concerne l'utilisation du module de recherche globale de NOMAD. Le logiciel réalise un échantillonnage (sur le treillis M_k) par la technique de l'hypercube latin (Ostle *et al.*, 1996). Les choix déjà implantés dans NOMAD sont d'utiliser l'échantillonnage seulement autour de x_0 (recherche initiale) ou tout au long des itérations (recherche itérative).

En pratique, il a été observé que pour des grandes valeurs de Δ_k^m, la recherche est utile, mais que pour des petites valeurs de Δ_k^m, la recherche est peu efficace, voire nuisible à la performance du logiciel (les points échantillonnés sont trop près des points sondés).

Dans le cadre de ce travail, une stratégie heuristique est proposée pour contourner ce problème : utiliser une courbe logistique (Ostle *et al.*, 1996) pour déterminer le nombre de points à échantillonner (recherche mixte). Cette courbe est :

$$l\left(\Delta_k^m / \Delta_0^m\right) = \frac{1}{1 + \omega_1 \exp(-\omega_2 \, \Delta_k^m / \Delta_0^m)}$$

Les paramètres peuvent être ajustés par l'usager. Par exemple, pour ce travail, la Figure 21 a été obtenue avec $\omega_1 = 25\ 000$ et $\omega_2 = 15$.

75

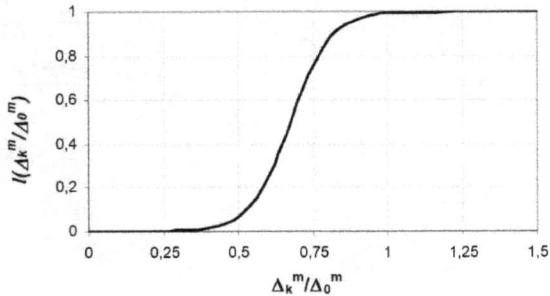

Figure 21 - Courbe logistique

L'usager doit définir le nombre maximal N de points à échantillonner. Le logiciel calcule ensuite l'arrondi de $Nl\left(\Delta_k^m / \Delta_0^m\right)$. Pour les faibles valeurs de Δ_k^m, aucun point ne sera échantillonné, alors que pour les grandes valeurs de Δ_k^m, l'échantillonnage sera maximal. On pourrait interpréter la courbe logistique comme étant la probabilité que, en fonction du rapport Δ_k^m / Δ_0^m, la recherche par hypercube latin soit efficace.

Les résultats sur la Figure 22 ont été obtenus en utilisant les déplacements relatifs et la recherche initiale (échantillonnage à l'itération 0 seulement), la recherche itérative (échantillonnage d'un nombre constant de points à chaque itération) et la recherche mixte (définie précédemment).

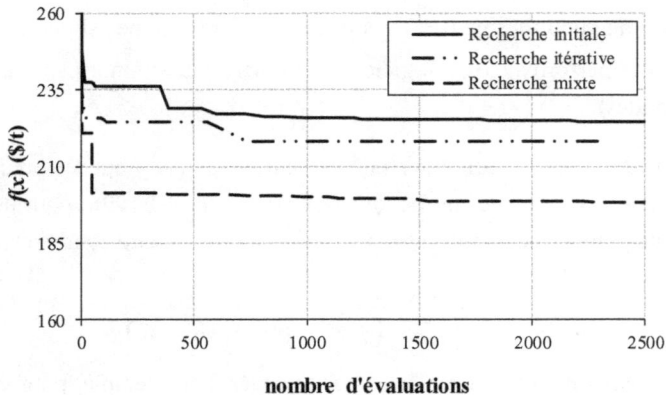

Figure 22 - Résultats de l'utilisation de la recherche

La recherche mixte semble être plus performante que la recherche itérative, elle-même meilleure que la recherche initiale. Cette stratégie pourrait être ajoutée à une version future de NOMAD.

4.2.4 Comparaison entre les stratégies

Les meilleures courbes obtenues par les stratégies sont réunies sur la Figure 23.

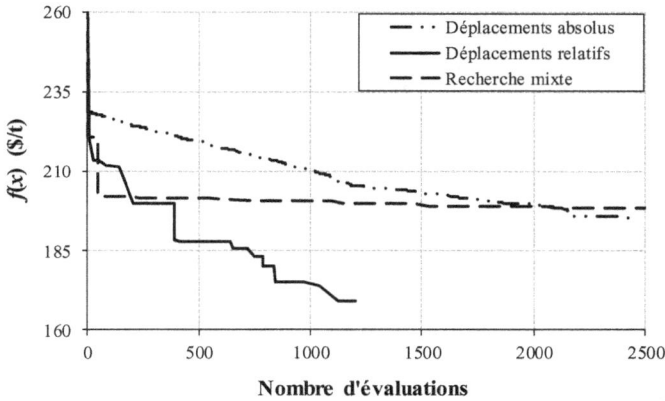

Figure 23 - Comparaison entre les stratégies

L'utilisation des variables relatives est la stratégie la plus efficace. La robustesse de l'étape de sonde de l'algorithme MADS est mise en évidence par ce résultat. La meilleure solution de la Figure 23 est désignée par $\tilde{x}$; elle a été obtenue en utilisant le critère d'arrêt : $\Delta_k^m \leq 10^{-6}$.

Afin de vérifier la stabilité de cette solution, NOMAD a été lancé à partir de $\tilde{x}$, mais avec le critère d'arrêt $\Delta_k^m \leq 10^{-20}$. La solution obtenue, désignée par $\hat{x}$, ne diffère pas beaucoup de $\tilde{x}$:

$$\frac{\|\hat{x} - \tilde{x}\|}{\|\hat{x}\|} = 5.6 \times 10^{-4}$$

La solution $\tilde{x}$ a permis un gain de 35%, alors que la solution $\hat{x}$ l'a amélioré de 2%. Cependant, il a fallu 594 heures de calculs (24.8 jours) pour obtenir cette dernière, comparativement à 65 (2.7 jours) pour $\tilde{x}$ (voir Figure 24, où le temps est représenté avec une échelle logarithmique).

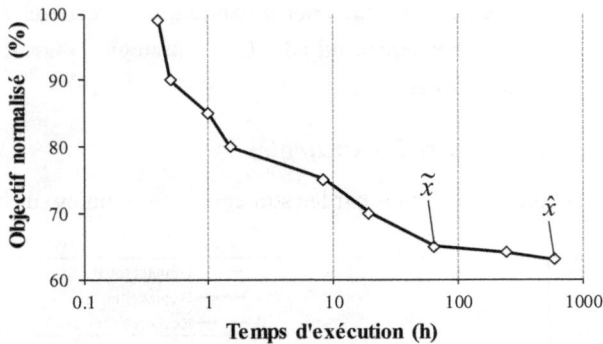

Figure 24 - Performance de l'algorithme

La solution $\tilde{x}$ est à 5% de la frontière[1], alors que $\hat{x}$ est à 0.5% de la frontière. Le choix du critère d'arrêt doit refléter un compromis entre qualité de la solution et temps de calcul.

4.3 Analyse de la solution obtenue

4.3.1 Comparaisons entre x_0 et $\hat{x}$

Il n'est pas possible de démontrer que la meilleure solution obtenue est un optimum parce qu'on ne sait pas si $f(x)$ est Lipschitz près de $\hat{x}$, et on ne dispose d'aucune information sur le cône hypertangent. La solution $\hat{x}$ est présentée ci-dessous (x_0 est rappelé à titre de comparaison) :

$$x_0 = (7\,000, \ 1\,051, 7\,000, \ 1\,454, \ 15\,000, \ 3\,100, \ \ 50)$$
$$\hat{x} = (5\,399, \ 1\,111, 5\,990, \ 1\,147, \ \ 7\,923, \ 1\,782, \ \ \ 0)$$

Les valeurs de $\hat{x}$ ont été arrondies parce que les décimales ne sont pas significatives. Globalement, la différence entre ces deux points est une réduction de 101 \$/t, soit 37%; les coûts (comprenant l'enfouissement) sont passés de 271 \$/t à 170 \$/t. Près de 97% de cette diminution est reliée à la réduction de la consommation de $Ba(OH)_2$. La comparaison entre les solutions initiale et finale pour l'utilisation de matières premières (Tableau 16) permet de bien apprécier l'effort d'optimisation réalisé.

---

[1] La distance à la frontière est obtenue par la norme du vecteur $g(x)$ des contraintes normalisées.

Tableau 16 - Réductions de la consommation de matières premières

Substance	Réduction (%)
Eau	33
H_2SO_4	24
$Ca(OH)_2$	-6
$Ba(OH)_2$	45

Il y a eu une légère augmentation de la consommation de $Ca(OH)_2$, mais une importante réduction de toutes les autres variables. En particulier, la consommation d'eau est passée de 29 t/h à 19.3 t/h. Un point intéressant à noter est la valeur de x_7. Il était illogique de rajouter du H_2SO_4 pour contrôler le pH alors qu'il est possible de le contrôler par les autres entrées. Pour compenser cet ajout et respecter la norme sur les sulfates, il fallait utiliser du baryum.

Tableau 17 - Variations de la génération de sels

Sel	Variation (%)
CaF_2	+ 0.6
$CaCO_3$	+ 103
$BaCO_3$	- 100
$BaSO_4$	- 29

Il n'y a plus de $BaCO_3$, mais la production de $CaCO_3$ a doublé. Ce résultat est économiquement intéressant, car le baryum consommé n'est plus « gaspillé » par la réaction secondaire avec le H_2CO_3. Le débit de solide à enfouir est passé de 10.5 t/h à 9 t/h, soit une réduction de 14%.

4.3.2 Validation de $\hat{x}$

D'après le Tableau 18, le procédé satisfait toutes les contraintes environnementales; il est validé. Les contraintes sur le pH et le SO_4^- sont à moins de 0.5% d'être saturées; il est raisonnable de les supposer actives.

Il est à noter que la valeur de $f(\hat{x})$ dépend très fortement du prix du $Ba(OH)_2$. Tant que ce dernier sera supérieur à 130 \$/t, plus de 90% de l'effort d'optimisation aura porté sur la réduction de la consommation de baryum; la solution $\hat{x}$ demeurera inchangée. Pour évaluer la valeur de l'objectif à $\hat{x}$ en

79

fonction du coût du baryum, il faut appliquer la formule de la section 4.1.3. Par exemple, si le baryum coûtait 250 \$/t, l'objectif aurait une valeur de 114 \$/t.

Tableau 18 - Contraintes environnementales (2)

	Critère du MENV	Résultat
Rejets gazeux		
CO	8 ppm (24 h)	0.001 ppm
NO_2	200 ppm (24 h)	10.7 ppm
$PM_{2.5}$	30 ppm (24 h)	0
Rejets liquides		
F^-	150 ppm	69 ppm
SO_4^{--}	1500 ppm	1491 ppm
Ba^{++}	100 ppm	0.12 ppm
Ca^{++}	8 ppm	0.19 ppm
NO_3^-	10 ppm	0.04 ppm
pH	6.5 à 8.5	8.4
Rejets solides		
F^- lixiviable	150 ppm	117 ppm

Le coût lié à l'enfouissement est très incertain; il peut varier d'une région à l'autre du Québec, ou d'un pays à l'autre. De plus, la réduction de la consommation des matières premières entraîne automatiquement une réduction du tonnage à enfouir. Mathématiquement, c'est une variable redondante dans l'objectif; elle ne change pas la solution du problème. Donc, la valeur de $f(\hat{x})$ est sensible à ce coût, mais la solution $\hat{x}$ ne l'est pas.

4.4 Commentaires sur l'utilisation de NOMAD

Pour motiver l'utilisation des MADS, il a été supposé que le problème était non linéaire, non convexe, non différentiable et non connexe, écartant la possibilité d'utiliser une méthode classique. La Figure 25 permet de s'en assurer :

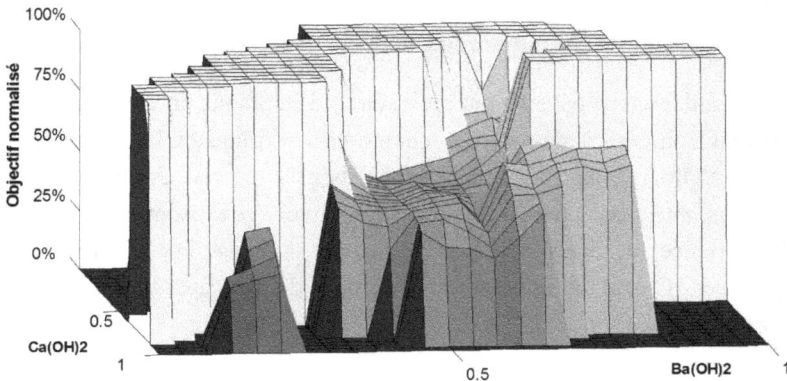

Figure 25 - Coupe transversale de l'objectif

Cette figure a été obtenue en fixant 5 des variables de x et en faisant varier relativement, par sauts de 4%, les débits de $Ca(OH)_2$ et de $Ba(OH)_2$. Il y a au total 676 points, donc simulations, sur la Figure 25. Le plafond correspond aux points non réalisables. Le plancher représente les points que Aspen n'a pas réussi à évaluer (points non existants). On peut y observer une disjonction du domaine, avec l'optimum (de la figure!) situé dans le coin inférieur gauche.

Environ 26 000 points ont été générés par NOMAD tout au long de ce travail. La proportion de points non existants est de 43% et celle de non réalisables, 27%. Il n'y a que 30% des points qui sont réalisables, un peu moins que le tiers. C'est environ cette proportion qui est observable sur la Figure 25. La pauvreté en points réalisables est une difficulté pour tout optimiseur, mais NOMAD n'en n'a pas paru être affecté.

Un atout principal du concept mathématique de MADS est sa simplicité, contrairement aux méthodes utilisant les dérivées. C'est une des rares méthodes d'optimisation pouvant commencer par un point non réalisable. Peut-être lent, l'algorithme est robuste et réussit à résoudre des problèmes très difficiles.

Le logiciel Aspen possède un module d'optimisation (basé sur SQP). Il s'est avéré difficilement utilisable : le point initial doit être réalisable, les nombreux optima locaux produisent de piètres solutions, des erreurs internes au logiciel liées aux simulations répétées surgissent, le temps de simulation peut être très long, etc. Après deux semaines d'efforts infructueux, l'utilisation de ce module a été délaissée. Le logiciel NOMAD s'est révélé extrêmement simple à utiliser : il ne nécessite que la programmation de quelques routines en C++.

Les simulations répétées sont des suites d'itérations internes à Aspen. Elles peuvent conduire à des erreurs numériques, expliquant l'instabilité observée[1]. Avec NOMAD, les itérations sont basées sur des évaluations totalement indépendantes du procédé; les erreurs numériques sont minimisées[2]. D'où l'importance de laisser Aspen seulement simuler et NOMAD, seulement optimiser. C'était la motivation principale du concept explicité par Bowden (1998) (voir section 1.4).

---

[1] Il est expliqué dans Edgar *et al.* (2001) que lorsque la solution se rapproche des frontières du domaine, le jacobien devient de moins en moins bien conditionné. C'est son inversion qui cause de l'instabilité.

[2] Un essai avec le module d'optimisation d'Aspen a été effectué à partir d'un x_0 non réalisable. Aspen a effectué 5000 simulations répétées sans changer la valeur du point de départ. Par contre, l'objectif a diminué d'environ 1%, variation attribuée à la propagation d'erreurs numériques.

CONCLUSIONS

Le procédé de traitement des brasques a été optimisé avec un nouvel algorithme. Pour ce faire, le procédé a été modélisé et simulé à l'aide d'Aspen. Un logiciel externe à Aspen, NOMAD (implémentation de l'algorithme MADS), a examiné une séquence de simulations; chaque simulation était faite en modifiant les débits entrant dans le procédé. Cette approche n'était pas nouvelle. La nouveauté résidait en l'utilisation d'un algorithme mathématiquement analysé : il est prouvé que la solution obtenue satisfait certains critères d'optimalité.

Au niveau procédé, les résultats sont très satisfaisants. Le coût d'utilisation des matières premières a diminué de 37%. Par rapport aux brasques brutes, ce coût est passé de 271 \$/t à 170 \$/t. C'est principalement la diminution de la consommation en baryum qui explique cette amélioration. La solution obtenue respecte toutes les normes environnementales du Québec; le procédé est conforme.

Au niveau mathématique, l'algorithme a démontré son applicabilité. Le problème d'optimisation d'une simulation est non linéaire, non convexe, non différentiable et discontinu, donc très difficile. Le domaine réalisable (points simulables respectant les normes environnementales) représentait moins du tiers de l'espace exploré par NOMAD. L'algorithme s'est révélé robuste et simple à utiliser, en plus de produire une solution dont on connaît la nature mathématique.

Plusieurs études pourraient être réalisées afin de généraliser les conclusions. Par exemple, un autre simulateur de procédé pourrait être utilisé. Les paramètres des opérations unitaires et/ou l'investissement pourraient être inclus dans les variables de décision. Le temps de calcul pourrait être réduit en parallélisant MADS. La souplesse et la robustesse MADS font qu'il pourrait être appliqué sur d'autres procédés, en régime permanent ou transitoire.

RÉFÉRENCES

1. ABRAMSON, M.A. (2004). Mixed variable optimization of a load-bearing thermal insulation system using a filter pattern search algorithm, Opt. and Eng., 2, 157-177.

2. ALBERTO, P., FERNANDO, N., ROCHA, H. et VICENTE, L.N. (2004). Pattern search methods for user-provided points : application to molecular geometry problems, SIAM J. Optim, 14 :4, 1216-1236.

3. AUDET, C. (2004). Convergence results for generalized pattern search algorithms are thight, Optimization. and Engineering, 5, 101-122.

4. AUDET, C. et DENNIS, J.E (2003). Analysis of generalized pattern searches, SIAM J. Optim, 13 : 3,889-903.

5. AUDET, C. et DENNIS, J.E (2004a). Mesh adaptive direct search algorithms for constrained optimization, Montréal : Les Cahiers du GERAD, 27p. G-2004-04.

6. AUDET, C. et DENNIS, J.E. (2004b). A pattern search filter method for nonlinear programming without derivatives, SIAM J. Optim, 14 :4, 980-1010.

7. BEALE, E.M.L. et SMALL, R.E. (1965). Mixed Integer Programming by a Branch and Bound Technique, Proceedings of the 3rd IFIP Congress 1965, 450–451.

8. BIEGLER, L.T., ALBUQUERQUE, J., GOPAL, V., STAUS, G. et YDSTIE, B. E. (1999). Interior point SQP strategies for large-scale, structured process optimization problems, Comp. and Chem. Eng., 23, 543-554.

9. BIEGLER, L.T. et GROSSMANN, I.E. (2004). Retrospective on optimization, Comp. and Chem. Eng., 28, 1169-1192.

10. BOOKER, A.J., DENNIS, J.E., FRANK, P.D., MOORE, D.W. et SERAFINI, D.B. (1998). Managing surrogate objectives to optimize a helicopter rotor design, AIAA Paper.

11. BOOKER A.J., DENNIS J.E., FRANK P.D., SERAFINI D.B., TORCZON V. et TROSSET M.W. (1999). A rigorous framework for optimization of expensive functions by surrogates, Structural Optimization 17 :1, 1-13.

12. BORCHARDT, J. (2001). Newton-type decomposition in large-scale dynamic process simulation, Comp. and Chem. Eng., 25, 951-961.

13. BOWDEN, R.O. et HALL, J.D. (1998). Simulation optimization research and development, 1998 Winter Simulation Conference, 1693-1698.

14. BREUER, H. (2000). Atlas de la chimie, Paris : Le Livre de Poche, 452p.

15. CHOI, S.H., KO, J.W. et MANOUSIOUTHAKIS, V. (1999). A stochastic approach to global optimization of chemical processes, Comp. & Chem. Eng., 23, 1351-1356.

16. CLARKE, F.H. (1990). Optimization and nonsmooth analysis 2nd ed., SIAM Classics in Applied Mathematics Vol.5, Philadelphia.

17. COURBARIAUX, Y., CHAOUKI, J. et GUY, C. (2004a). Update on spent potliners treatments : kinetics of cyanides destruction at high temperatures, Ind. & Eng. Chem. Research, 43 : 18, 5828-5837.

18. COURBARIAUX, Y., RADMANESH, R. CHAOUKI, J. et GUY, C. (2004b). Modeling of spent potliners devolatilisation and combustion by thermogravimetry analysis, Fuel (à paraître prochainement).

19. COURBARIAUX, Y., CHAOUKI, J. et GUY, C. (2004c). Spent potliners fluoride adsorption characterisation, Separation and Purifification Technology (à paraître prochainement).

20. COURBARIAUX, Y., CHAOUKI, J. et GUY, C. (2004d). Development and validation of a leaching process of the spent potliners fluoride content, Journal of Hazardous Materials (à paraître prochainement).

21. DAVIS C. (1954). Theory of positive linear dependence, A. J. Math., 76, 733–746.

22. DOUGLAS, J.M. (1988). Conceptual Design of Chemical Processes, New York : McGraw-Hill, 601 p.

23. EDGAR, T.F., HIMMELBLAU, D.M et LASDON, L. (2001). Optimization of Chemical Processes 2nd ed., New York : McGraw-Hill, 652p.

24. FOWLER, K.R., KELLEY, C.T., MILLER, C.T., KEES, C.E., DARWIN, R.W., REESE, J.P., FARTHING, M.W, et REED, M.S.C. (2004). Solution of a well-field design problem with implicit filtering, Opt. and Eng., 5, 207-234.

25. GAUBERT, M.A., BOURSEAU, P., BOUDIBA, M. et MURATET, G. (1995). A general environment for steady state process simulation: structure and main features, Comp. and Chem. Eng.,19, S259-S264.

26. GAUVIN, J. (1995). Leçons de programmation mathématique, Montréal : Editions de l'Ecole Polytechnique de Montréal, 140p.

27. GLOVER, F., (1986). Future paths for integer programming and links to artificial intelligence, Comp. And Oper. Res., 13 :5, 533-549.

28. HANKE, M. et LI, P. (2000). Simulated annealing for the optimization of batch distillation processes, Comp. and Chem. Eng., 24, 1-8.

29. HAYES, R.E., BERTRAND, F.H., AUDET, C. et KOLACZKOWSKI, S.T., (2003). Catalytic combustion kinetics : using a direct search algorithm to evaluate kinetic parameters from light-off curves, CJEC, 81 :6, 1192-1199.

30. HOLLAND, J., (1975). Adaptation in natural and artificial systems, MIT Press.

31. HOOKE, R., et JEEVES, T.A., (1961). Direct search solution of numerical and statistical problems, J. Assoc. Comp. Mach., 8, 212-229.

32. KIRKPATRICK, S., GELATT, C.D. et VECCHI, M.P., (1983). Optimization by simulated annealing, Science, 220 :4598, 671-680.

33. KOKKOLARAS, M., AUDET, C. et DENNIS, J.E., (2001). Mixed variable optimization of the number and composition of heat intercepts in a thermal insulation system, Opt, and Eng., 2, 5-29.

34. LAGARIAS, J.C., REEDS, J.A., WRIGHT, M.H. et WRIGHT, P.E. (1998). Convergence properties of the Nelder-Mead simplex method in low dimensions, SIAM J. Optim., 9 :1, 112-147.

35. LEWIS, R.M., TORCZON, V. et TROSSET, M.W (2000). Direct search methods : then and now, J. Comp. and Applied Math., 124, 191-207.

36. LI, X., SHAO, Z. et QIAN, J. (2004). Module-oriented automatic differentiation in chemical process systems optimization, Comp. and Ch. Eng., 28, 1551-1561.

37. LOBEREIRO, J. et ACEVEDO, J. (2004). Process synthesis and design using modular simulators : a genetic algorithm framework, Comp. and Chem. Eng, 28, 1223-1236.

38. LIN, B. et MILLER, D.C. (2004). Tabu search algorithm for chemical process optimization, Comp. and Chem. Eng, article sous presse.

39. MARSDEN, A.L., WANG, M, DENNIS, J.E. et MOIN, P., (2004). Optimal aeroacoustic shape design using the surrogate management framework, Opt. and Eng., 5, 49-58.

40. MCKINNON, K. (1998). Convergence of the Nelder-Mead simplex method to a nonstationnary point, SIAM J. Optim, 9 :1, 148-158.

41. OSTLE, B., TURNER, K.V., HICKS, C.R. et MCELRATH, G.W. (1996). Engineering Statistics : the industrial experience, Boston : Duxbury Press, 568 p.

42. OUALI, M.S., AOUDJIT, H. et AUDET, C. (2003). Optimisation des stratégies de maintenance et intégration à la production, Les Cahiers du GERAD, 21p. G-2003-04.

43. ROCKAFELLAR R.T. (1980). Generalized directional derivatives and subgradients of nonconvex functions, Can. J. of Mat., Vol.32, 157–180.

44. SEIDER, W.D., SEADER, J.D. et LEWIN, D.R. (1999). Process Design Principles : synthesis, analysis and evaluation, New York : John Wiley & Sons Inc., 824p.

45. SHOUP, T.E., et MISTREE, F (1987). Optimization methods with Applications for Personal Computers, New York : Prentice-Hall, 168p.

46. SOTUDEH-GHAREBAAGH, R., LEGROS, R., CHAOUKI, J. et PARIS, J. (1998). Simulation of circulating fluidized bed reactors using AspenPlus, Fuel, 77:4, 327-337.

47. SQUIRES, R.G. et REKLAITIS, G.V. (1980). Computer Applications to Chemical Engineering, Washington D.C. : American Chemical Society, 511 p.

48. STEPHENS, C.P. et BARITOMPA, W. (1998). Global Optimization Requires Global Information, J. of Opt. Theory and Applications, 96 : 3, 575-588.

49. TORCZON, V. (1997). Pattern search methods for nonlinear optimization, SIAM J. Optim, 6, 7-11.

50. WOLSEY, L.A. (1998). Integer Programming, NewYork : John Wiley 218 p.

51. WRIGHT, M.H (1995). Direct search methods : once scorned, now respectable, Numerical Analysis 1995. Harlow : Addison-Wesley-Longman, Harlow, 984p.

52. ZAMORA, J.M. et GROSSMANN, I.E. (1998). Continuous global optimization of structured process systems models, Comp. and Chem.Eng., 22, 1749-1770.

ANNEXE I - ALGORITHMES

ALGORITHME DE SQP

1 - Initialisation
    Définir x_0 réalisable, $Q_0=I$ et $k=0$.

2 - Evaluation des contraintes
    - déterminer l'ensemble $I(x_k)$
    - déterminer l'ensemble $N(x_k)=\{h(x_k)\}\cup\{g_i(x_k),i\in I(x_k)\}$ et en vérifier la régularité (conditions de Mangasarian-Fromovitz). Si $N(x_k)$ n'est pas régulier, forcer $Q_k = I$.

3 - Mise à jour de Q_k
    Utiliser BFGS pour redéfinir Q_k :

$$Q_k = \frac{\nabla g(x_k)\nabla g(x_k)^T}{\nabla g(x_k)(x_k - x_{k-1})^T} - \frac{Q_k(x_k - x_{k-1})(x_k - x_{k-1})^T Q_k}{(x_k - x_{k-1})^T Q_k (x_k - x_{k-1})}$$

4 - Résolution de *(QP)*
    Utiliser l'algorithme de Frank-Wolfe pour résoudre *(QP)*. C'est l'adaptation de l'algorithme du simplexe pour le cas ou $f(x)$ n'est pas linéaire.

5 - Test d'arrêt
    - si $\|s_k\|<\varepsilon$ ou si s_k n'existe pas, la solution est optimale
    - sinon, $k=k+1$ et retourner à 2.

ALGORITHME D'ÉNUMÉRATION IMPLICITE

1 - Initialisation
   Définir $k=0$, $x_0 \in \Omega$, $\varepsilon_0 = \infty$, ε^* une tolérance et $\pounds=\{0\}$ la liste de nœuds à explorer.

2 - Analyse de noeud
   - choisir $l \in \pounds \neq \phi$
   - poser $\pounds = \pounds \backslash \{l\}$
   - si x_l est réalisable, $\varepsilon_l = f(x_l) - \hat{f}(x_l)$. Sinon, $\varepsilon_l = \infty$.

3 - Test d'arêt
   Si $\varepsilon_l \leq \varepsilon^*$ ou si $\pounds=\phi$, arrêt, la solution est optimale.

4 - Branchement
   - utiliser une technique de contraction de nœuds pour déterminer x_{k+1} et x_{k+2}
   - $\pounds = \pounds \cup \{k+1, k+2\}$
   - mettre à jour $k = k+2$ et retourner à 2

ALGORITHME DE RECHERCHE TABOU

1 - Initialisation
   Définir $k=0$, $x_0 \in \Omega$, $\varepsilon < \kappa$ deux tolérances et $\pounds=\phi$ la liste tabou.

2 - Génération d'un voisinage $Q(x_k)$
   - soit $\Delta x_k^i = (u_i-l_i)/2(k+1)$ l'intervalle admissible dans la direction i pour x_k
   - générer $a_i \in [0,1]$ des nombres aléatoires
   - soit $Q(x_k) = \{x_k \pm a_i \Delta x_k^i / i \in i..n\}$

3 - Evaluation du voisinage
   Trouver $x_k' = \arg\min \left\{ f(x_{k,i}) \mid x_{k,i} \in Q(x_k),\ x_{k,i} \in \Omega,\ x_{k,i} \notin \pounds \right\}$

4 - Mise à jour de la liste
   - si $x_k' < x_k$, alors $x_{k+1} = x_k$ et $\pounds = \pounds \cup \{x_k\} \backslash \pounds(1)$
   - si $\varepsilon < |f(x_k')-f(x_k)| < \kappa$, aller à 2; sinon, aller à 5

5 - Test d'arrêt
   - si $k = k_{max}$ ou si $|f(x_k')-f(x_k)| < \varepsilon$, arrêt
   - sinon, $k = k+1$ et aller à 2

ALGORITHME GÉNÉTIQUE

1 - Initialisation
Générer une population initiale P consituée de N solutions réalisables. Définir les paramètres :
- $NMAX$ = nombre maximal de générations
- $NIND$ = nombre d'individus sélectionnés à chaque itération
- r_c = taux de combinaison, entre 0 et 1
- r_m = taux de mutation, entre 0 et 1 ($r_m < r_c$)

2 - Sélection d'un échantillon
Sélectionner au hasard un échantillon E_k de $NIND$ solutions dans P. Mettre à jour $P = P \setminus E_k$

3 - Combinaison des gènes (répéter $r_c NIND$ fois)
- prendre au hasard 2 solutions, x_a et x_b, dans E_k
- créer une nouvelle solution x_k en choisissant ses composantes au hasard dans x_a et x_b
- si $x_k \in \Omega$:
    - si $f(x_k) < f(x^*)$ alors $x^* = x_k$ est la meilleure solution obtenue
    - sinon, si $f(x_k) < \{f(x_a), f(x_b)\}$, alors $argmax\{f(x_a), f(x_b)\} = x_k$
- sinon, rejeter x_k

4 - Mutation des gènes (répéter $r_m NIND$ fois)
- prendre au hasard une solution x dans E_k
- modifier au hasard des éléments de x pour obtenir x_k
- si $x_k \in \Omega$:
    - si $f(x_k) < f(x^*)$ alors $x^* = x_k$ est la meilleure solution obtenue
    - sinon, si $f(x_k) < f(x)$, alors $x = x_k$
- sinon, rejeter x_k

5 - Mise à jour de la population
Réinsérer l'échantillon E_k dans P ($P = P \cup E_k$)

6 - Test d'arrêt
- si $|f(x_k) - f(x^*)| < \varepsilon$ ou si $k = NMAX$, arrêt
- sinon, mettre à jour les paramètres :
    - $r_c = r_c(k/(k+1))$
    - $r_m = r_m/k$
    - $k = k+1$ et aller à 2

1 - Initialisation
   Définir $k=0$, $x_0 \in \Omega$, T un pas de départ et $0<r<1$ un facteur de réduction.

2 - Génération d'un voisinage $Q(x_k)$
   - soit $P(x_k) = \{x_i \in \Omega \mid x_i = x_k \pm Te_i, \; i=1..n\}$
   - échantillonner au hasard n points dans $P(x_k)$ pour obtenir $Q(x_k)$

3 - Exploration du voisinage
   - si $f(x_i \in Q(x_k)) \leq f(x_k)$, alors $x_k = x_i$. Aller à 2.
   - si $f(x_i \in Q(x_k)) > f(x_k)$, $\forall i=1..n$, générer une probabilité aléatoire p.
   Si $\exp\left(\dfrac{f(x_k) - f(x_i \in Q(x_k))}{T}\right) \leq p$, alors $x_k = x_i$. Aller à 2.
   - sinon, aller à 4.

4 - Test d'arrêt
   - si $k = k_{max}$, si $T \leq T_{min}$ ou si $|f(x_k)-f(x_{k-1})|<\varepsilon$, arrêt
   - sinon, $k = k+1$, $T = rT$ et aller à 2.

ANNEXE II – MODÉLISATION DU LIT FLUIDISÉ

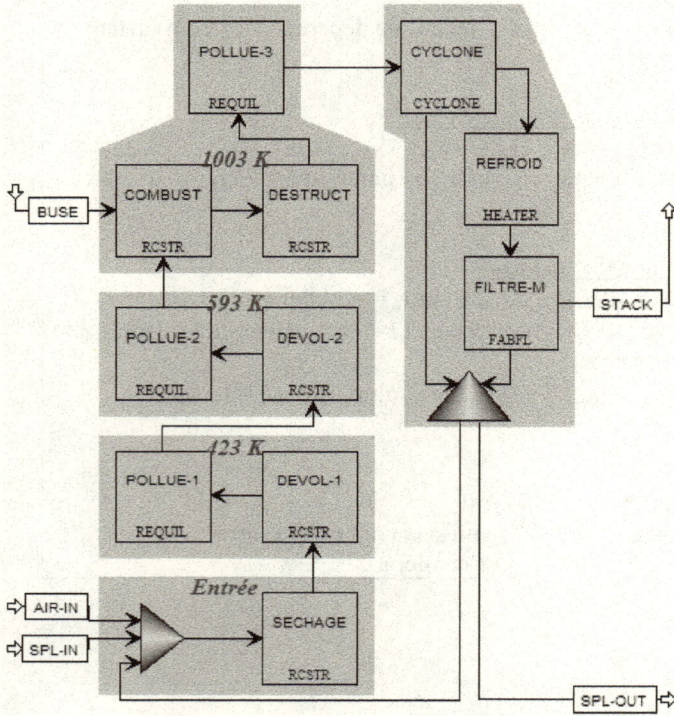

ANNEXE III – PROCÉDURE TCLP

1 – Trouver la quantité de fluor adsorbé dans les brasques

$$[F^-]_{liq} = 998 m_F / m_{H2O}$$

$$[F^-]_{ads} = \frac{W_{max} K_c [F^-]_{liq}}{1 + K_c [F^-]_{liq}}$$

2 – Diluer les brasques dans 20 volumes d'eau

$$[SPL] = \frac{m_{NaF} + m_{SiO2} + m_{Al2O3} + m_C}{20(m_{H2O} / 998)}$$

3 – Faire un bilan de matière sur le fluor dans les brasques diluées

	$[F^-]_{liq}$ $\longleftrightarrow$	$[F^-]_{ads}[SPL]$
Initial	0	$[F^-]_{ads}[SPL]$
Réaction	$+[F^-]^*$	$-[F^-]^*$
Equilibre	$[F^-]^*$	$[F^-]_{ads}[SPL] - [F^-]^*$

4 – Appliquer la condition d'équilibre (isotherme de Langmuir) et isoler $[F^-]^*$

$$[F^-]_{ads}[SPL] - [F^-]^* = \frac{W_{max} K_c [F^-]^*}{1 + K_c [F^-]^*}$$

$$\left([F^-]_{ads}[SPL] - [F^-]^*\right)\left(1 + K_c [F^-]^*\right) = W_{max} K_c [F^-]^*$$

$$[F^-]_{ads}[SPL] + [F^-]_{ads}[SPL] K_c [F^-]^* - [F^-]^* - K_c [F^-]^{*2} = W_{max} K_c [F^-]^*$$

$$0 = [F^-]^{*2} + [F^-]^*\left(W_{max} + \frac{1}{K_c} - [F^-]_{ads}[SPL]\right) - \frac{[F^-]_{ads}[SPL]}{K_c}$$

Cette équation est de la forme : $0 = x^2 + \beta_1 x + \beta_2$

Donc : $[F^-]^* = \dfrac{-\beta_1 + \sqrt{\beta_1^2 + 4\beta_2}}{2}$

5 – Vérifier la norme pour $[F^-]^*$.

www.ingramcontent.com/pod-product-compliance
Lightning Source LLC
Chambersburg PA
CBHW021119210326
41598CB00017B/1510